• 高等院校生命科学野外实习指导系列 •

Field Practice Guidance for Coastal Zoology

滨海动物学野外实习指导

项 辉　黄建荣　蒙子宁　主 编

王英永　邵千芊　张志刚　王瑞霞　参 编

中山大学出版社
·广州·

版权所有　翻印必究

图书在版编目（CIP）数据

滨海动物学野外实习指导/项辉，黄建荣，蒙子宁主编．—广州：中山大学出版社，2017.6
（高等院校生命科学野外实习指导系列）
ISBN 978-7-306-06060-0

Ⅰ．①滨…　Ⅱ．①项…　②黄…　③蒙…　Ⅲ．①海滨—水生动物—海洋生物—教育实习—高等学校—教学参考资料　Ⅳ．①Q958.885.3-45

中国版本图书馆 CIP 数据核字（2017）第 109455 号

出 版 人：徐　劲
策划编辑：周建华　谢贞静
责任编辑：谢贞静
封面设计：曾　斌
责任校对：谢贞静
责任技编：何雅涛
出版发行：中山大学出版社
电　　话：编辑部 020-84111996，84113349，84111997，84110779
　　　　　发行部 020-84111998，84111981，84111160
地　　址：广州市新港西路 135 号
邮　　编：510275　　　　传　　真：020-84036565
网　　址：http://www.zsup.com.cn　　E-mail：zdcbs@mail.sysu.edu.cn
印 刷 者：广东省农垦总局印刷厂
规　　格：787mm×1092mm　1/16　10.5 印张　300 千字
版次印次：2017 年 6 月第 1 版　2017 年 6 月第 1 次印刷
定　　价：45.00 元

如发现本书因印装质量影响阅读，请与出版社发行部联系调换

内 容 摘 要

进行海洋生物学实习对了解海洋资源，发展海洋经济有重要作用。本书主要以广东沿海潮间带、近海岛礁和浅海区域海洋动物为主，介绍了海洋动物学实习涉及的方法技术和习见动物。本书较全面地介绍了滨海环境特点，影响海洋生物分布的因素，潮间带动物标本采集、保存及制作方法，贝螺、虾蟹、鱼类等习见动物特征，辅以图片形式展示了各类动物形态。

本书内容系统，覆盖面较广，实用性和指导性强，可作为高等院校生物科学、生物技术、生态学、海洋生物学、水产科学和动物学等相关专业的实习用书，也可供中学生物老师、水产养殖、海洋动物资源保护等行业及生物爱好者参考使用。

前　言

地球表面总面积约 5.1 亿平方公里，其中海洋面积约为 3.6 亿平方公里，占总面积的 71%。海洋中丰富的动植物资源在全球生物多样性中极其重要，有着极大的经济价值和开发潜力。随着人口剧增和陆地资源的日益衰竭，人类的生存与发展将越来越依赖海洋。21 世纪以来，随着全球进入到全面开发利用海洋的时代，各国对海洋资源的开发和争夺异常激烈。我国是海洋大国，如何开发和利用海洋生物的资源潜力，实现蓝色海洋生物产业的可持续发展，保障我国食物安全和海洋经济的发展，成为一个受到特别关注的问题。海洋经济的发展，海洋生物资源的开发、利用和保护，从根本上讲离不开科学技术水平的提高和现代生物技术的广泛应用。因此，国家对海洋科学领域人才的需求日益增加。广东省海域辽阔，海岸线长，滩涂广布，有着丰富的海洋资源。全省大陆海岸线 4 114 公里，海湾 510 多个，滩涂面积 2 千多平方公里，开发空间巨大，海洋经济发展前景良好。根据《广东海洋经济综合试验区发展规划》，广东省海洋经济将到 2020 年实现建设海洋经济强省的战略目标。处于海洋大省广东的中山大学，莅临南海之滨，有着得天独厚的条件，应该为满足国家和地方海洋战略发展需要培养更多人才。

滨海动物学实习一直是我校生物学野外实习实践教学的重要内容之一，多年来先后在广东汕尾、阳江、茂名、珠海、惠州等海域开展了动物学海洋实习。近 5 年考虑生物多样性、科研条件和吃住行等综合因素，滨海动物学实习比较固定于广东大亚湾区域。大亚湾东、西两侧受平海半岛与大鹏半岛掩护，海湾周围的山地丘陵由古生代和中生代的各种变质岩、紫色砂岩、凝灰岩或花岗岩构成。大亚湾具有良好的海洋和陆地环境，特别重要的是，海洋生物和七娘山地区的陆生生物受到人为破坏相对较少，生物种类比较丰富，而生态环境也多样，为生物学实习创造了良好的自然条件。同时，这一地区有中国水产科学院南海水产所深圳基地、中科院大亚湾海洋生物综合实验站、海洋渔业局大亚湾水产养殖站、大亚湾深水网箱产业基地、大鹏半岛国家地质公园，以及东山珍珠岛等众多科研单位和水产养殖公司，另外还有大鹏所城等历史文化景点，这些，为开展研究性实习和产业化训练、进行综合素质培养提供了非常好的条件。

中山大学生命科学学院自 2000 年以来参加"生物学野外实习"课程的学生都在 240 人以上，规模较大。近 5 年，我们还加强了与广东省内高校及全国生物学基地高校的交流，也拓展了与中国香港、中国台湾及俄罗斯、美国等高校的交流，参加实习的人数经常在 300 人左右。考虑到住宿、交通、学习条件，我们滨海动物学实习主要安排在广东深圳大亚湾区域。通过中山大学生命科学学院与中国水产科学院南海水产所合作，本课程利用南海水产所深圳基地为依托建立了生物学教学科研基地。南海水产所深圳基地为吃、住、会议室及实验室需求提供了较好的条件，而周边杨梅坑、坝光红树木、三门岛、大辣甲岛、南澳渔港等生境海岸涂滩良好，多样性元素非常丰富，而众多的水产养殖科研单位和公司又为实习拓展提供了条件。在此基地上，动物学滨海实习充分利用大亚湾地理与生物资源和产业化背景，通过实习教学进行产学研融合，强化理论、实践、科研与产业相结合，在培养掌握专业知识和实践技术的海洋生物资源开发利用的复合型人才方面做了有益探索，积累了不少资料。另一方面，滨海动物学实习教学也需要一本专业性、针对性、实用性强的指导书。为此，我们组织编写了《滨海动物学野外实习指导》。

《滨海动物学野外实习指导》一书，是本次围绕滨海生物学实习用书策划编写的系列教材之一，本系列教材策划由生命科学学院主持教学工作现任和前任副院长张雁、陆勇军提出，组织实施由实习负责人廖文波、项辉、凡强、黄建荣等落实。《滨海动物学野外实习指导》一书，由项辉负责第1章、第2章及第8章的编写；黄建荣负责第4章、第5章及第7章的编写；蒙子宁负责第6章的编写；三位均参与了第3章滨海实习方法与技术概论的编写。王英永参与了第6章的编写；邵千芊（第4章），张志刚（第2章），王瑞霞（第6章、第8章）等也参与了本书的编写工作。

本书的编写出版得到了中山大学生物学、生态学一级学科建设项目、教育部校外实践教育基地建设项目（2013—2015）、广东省教育厅及中山大学教务部本科教学改革项目（2014—2016）的资助。在此，特别感谢在实习基地建设及野外考察教学过程中众多合作单位和领导的支持，感谢中科院南海水产研究所及领导江世贵、李纯厚、林黑着给予的大力支持，感谢大鹏新区、深圳市城管局、马峦山郊野公园、海洋渔业局大亚湾水产养殖站、大亚湾深水网箱产业基地、大鹏半岛国家地质公园，东山珍珠岛等诸多单位领导、技术人员和管护人员给予的大力支持，恕不能一一列举，在此一并表示衷心的感谢。

项辉

2017年3月31日

目 录

第1章 绪 论 / 1
  1.1 目的和要求 / 2
    1.1.1 认识海洋生态环境的多样性 / 2
    1.1.2 认识海洋生物多样性与经济价值 / 2
    1.1.3 认识环境对海洋生物的影响及海洋资源利用面临的问题 / 3
    1.1.4 认识水产养殖产业与应用研究 / 3
    1.1.5 掌握实习技术，尝试科研探索 / 3
  1.2 实习效果的评估与考核 / 4
    1.2.1 实习的总结 / 4
    1.2.2 实习的成绩评定 / 4

第2章 滨海海洋环境 / 5
  2.1 岩岸自然环境 / 5
  2.2 沙岸、泥沙岸自然环境 / 6
    2.2.1 沙岸的自然环境 / 6
    2.2.2 泥沙岸自然环境 / 7
  2.3 岛礁的自然环境 / 8
    2.3.1 岛礁的定义 / 8
    2.3.2 珊瑚礁的形成 / 9
    2.3.3 珊瑚礁的分类 / 9
    2.3.4 珊瑚礁的生态学和生物多样化 / 10
  2.4 海港码头自然环境 / 10
  2.5 红树林湿地 / 11
  2.6 影响滨海自然环境的主要因素 / 12
    2.6.1 温度 / 12
    2.6.2 盐度 / 13
    2.6.3 海水中的营养物质 / 13
    2.6.4 深度 / 14
    2.6.5 潮汐 / 14

第3章 滨海实习方法与技术概论 / 17
  3.1 实习的前期准备 / 17

  3.1.1 实习时间和地点的选择 / 17
  3.1.2 实习工具及药品 / 18
 3.2 海滨潮间带实习方法 / 18
  3.2.1 海滨潮间带各类无脊椎动物的采集 / 18
  3.2.2 滨海无脊椎动物标本处理与制作保存 / 20
 3.3 鱼类实习 / 22
  3.3.1 鱼类标本的采集 / 22
  3.3.2 鱼类标本的制作和保存 / 22

第4章 滨海习见软体动物图谱 / 23

 4.1 软体动物的主要特征 / 23
  4.1.1 软体动物的一般特征 / 23
  4.1.2 腹足类形态学分类术语 / 23
  4.1.3 双壳类形态学分类术语 / 24
 4.2 习见软体动物 / 26

第5章 滨海习见甲壳类动物图谱 / 72

 5.1 甲壳动物的主要特征 / 72
 5.2 习见甲壳动物 / 73

第6章 滨海习见鱼类图谱 / 90

 6.1 鱼类的主要分类特征 / 90
 6.2 习见鱼类 / 91

第7章 滨海习见其他类群动物图谱 / 126

 7.1 腔肠动物门 Cnidaria / 126
 7.2 星虫动物门 Sipuncula / 127
 7.3 节肢动物门 Arthropoda / 127
 7.4 腕足动物门 Brachiopoda / 128
 7.5 棘皮动物门 Echinodermata / 129

第8章 观赏性海洋贝类图谱 / 131

 8.1 观赏性贝类简介 / 131
 8.2 习见观赏性贝类 / 131

附录一 中文学名索引 / 149
附录二 拉丁文学名索引 / 153

第 1 章 绪 论

地球表面总面积约 5.1 亿平方公里,其中海洋面积约为 3.6 亿平方公里,占总面积的 71%。海洋是地球能量平衡、气候调节以及生物、化学循环的重要组成部分。海洋中丰富的动植物资源在全球生物多样性中占有极其重要的位置,有着极大的经济开发潜力。随着人口剧增和陆地资源的日益衰竭,人类的生存与发展将越来越依赖海洋。据估计,海洋动植物达 20 多万种,在不影响生态平衡的情况下,海洋提供食物总能力约为陆地全部农作物的 1 000 倍,是人类重要的食物和蛋白质来源。

我国是海洋大国,拥有丰富的海洋生物资源。改革开放以来,我国渔业的生产力得到了有效的释放,1990 年开始,我国水产品总量就跃居世界首位。21 世纪以来,随着全球进入到全面开发利用海洋的时代,各国对海洋资源的开发和争夺异常激烈,到 2030 年前后我国人口达到 15 亿峰值时,水产品需求比现在将要增加 2 000 万吨以上。如何开发和利用海洋生物的资源潜力,实现蓝色海洋生物产业的可持续发展,保障我国食物安全和海洋经济的发展,便成为一个受到特别关注的问题。海洋经济的发展,海洋生物资源的开发、利用和保护,从根本上讲,离不开科学技术水平的提高和现代生物技术的广泛应用。因此,国家对海洋科学领域人才的需求日益加大。(图 1 - 1)

图 1 - 1 大亚湾全景

1.1 目的和要求

处于海洋大省广东的中山大学，莅临南海之滨，有着得天独厚的条件，多年来一直把动物学滨海实习作为主要内容，能比较完整地考察形形色色的海洋动物种类及其在生境中的生态习性，强化理论、实践、科研与产业相结合，培养掌握专业知识和实践技术的海洋生物资源研究与开发利用的复合型人才，以服务海洋经济发展。

1.1.1 认识海洋生态环境的多样性

海洋水体环境具有立体性，因而海洋生物的分布比陆生生物更具垂直分布的洋带性特点。在海平面到水下 200 米这一范围内，由于水、陆、气三界直接接触，沿大陆岸带光线充足，可透入底部，且大陆径流带来丰富的有机物质和营养盐，海洋动植物十分丰富，总称为沿岸带生物或浅海区生物。这个区域的生存环境又可分潮上带、潮间带、潮下带。根据潮间带生物生存和分布的生活环境及其基底性质，又分为岩礁海岸、沙质海岸、泥质海岸和河口潮间带。潮间带可发展海带、多种藻类、贝类的人工养殖场。

我国海域辽阔，海洋生态系统，除了滨海生态系统，还有珊瑚礁生态系统、东海的上升流生态系统和南海的深海生态系统等。

1.1.2 认识海洋生物多样性与经济价值

我国海域辽阔，由北向南依次濒临渤海、黄海、东海和南海，广阔的海域面积，复杂的地形，使中国成为海洋生物多样性特别丰富的国家之一。我国海域现已记录海洋生物 2 万多种，分别隶属于原核生物、原生生物、真菌、植物、动物等 5 个生物界 44 门，有许多是中国特有物种或世界珍稀物种。我国海洋生物的多样性是海洋生物资源的重要保证。海洋中蕴藏的经济动物和植物的群体数量，是有生命、能自行增殖和不断更新的海洋生物资源。海洋生物资源按种类分为：①海洋鱼类资源；②海洋软体动物资源；③海洋甲壳类动物资源；④海洋哺乳类动物；⑤海洋植物。

海洋生物资源是人类食物的重要来源，人类在人口不断增长的压力下，必须向海洋索取更多的食物，更多的动物蛋白质。海洋生物资源还提供了重要的医药原料和工业原料，由于海洋生物的次生代谢产物复杂、独特的化学结构及其特异、高效的生物活性，其资源已成为寻找和发现创新药物和新型生物制品的重要源泉。以各种海洋动植物、海洋微生物等为原料，研制开发海洋酶制剂、农用生物制剂、功能材料和海洋动物疫苗等海洋生物制品已成为我国海洋生物产业资源开发的热点。另外，有的贝壳是贝雕的优良材料，贝雕成为我国独特的美丽精细工艺品之一，我国还是珍珠发祥地，尤其南海珍珠在世界上最负盛名，这些海洋生物资源为人类提供很多精美的饰品。

1.1.3 认识环境对海洋生物的影响及海洋资源利用面临的问题

生物与环境是一个统一不可分割的整体，生物依赖环境，环境影响生物。环境中影响海洋生物分布的因素是多方面的，其中主要有气候、环境、阳光、海水温度、盐度、养分、压力、洋流、栖息地等。如潮间带生物，由于该潮间带介于陆、海间，交替地受到空气和海水淹没的影响，且常有明显的昼夜、月和年度的周期性变化，因而其生物具有两栖性（表现为广温性、广盐性、耐干旱性和耐缺氧性等）、节律性（一般生物的活动高峰与高潮期相一致）、分带性（因不同生物适应的干湿条件不同而引起的分带分布现象）等生态特征。

随着人类对海洋资源的开发利用强度日益加剧，海洋生物的多样性和海洋生物资源的可持续性面临诸多问题和严峻挑战。海洋生物资源的过度开发利用，导致海洋生物多样性在逐渐减少，过度捕捞导致整个生态系统食物链发生改变，脆弱生物濒临灭绝。随着经济发展，沿海地区工业和生活污水的排放将大量污染物携带入海，加上航运业的排污、无序的水产养殖以及海洋原油泄漏等造成的污染，使我国近岸海域海水污染日趋严重。总之，海洋资源利用过度、海洋污染、生境破坏和外来物种入侵，使海洋生物物种灭绝速度加快，丰富的物种多样性日趋下降，已经给我国海洋水产资源和人体健康造成了严重损害。

1.1.4 认识水产养殖产业与应用研究

海洋生物资源的利用，应以海水养殖的持续健康发展为龙头，进一步向海洋生物高新技术产业转化。以鱼、虾、贝为代表的水产养殖，是我国海洋经济效应最主要的部分。据中国海洋环境状况公报所发布的数据显示，2015年我国的海洋生产总值高达64 669亿元，占国内生产总值的9.6%。但是，维持海洋生物资源的经济效益、社会效益和生态效益的可持续发展，保护海洋，还需要根据海洋可利用的海洋生物多样性特点，系统研究多品种、高密度集约化的养殖模式与生态养殖新方法新技术，重点发展海水健康可持续发展的海水养殖技术、养殖生态学与病害控制技术、名优特养殖品种的杂交技术、抗逆品种的培养技术、海洋生物天然活性物质的药物与人工合成技术、毒素与生物酶的应用技术，提高海洋生物资源的利用率和高附加值。

1.1.5 掌握实习技术，尝试科研探索

动物学滨海实习包括潮间带动物、海洋鱼类和海洋浮游动物、滨海湿地鸟类等内容，会学习到如何采集各个类群动物标本及标本制作方法，如何使用检索表鉴定标本

等方法和技术。另外，也有老师出题或者学生自己选题，设计科研小课题。研究性实习所有环节如选题、小组成员招募、分析总结、答辩汇报、评分等都是以学生为主体开展活动，教师的职责为负责组织和教学引导。选题、组员招募和实验方案设计是准备阶段，要求学生根据自己的兴趣成立科研小组，进行相关资料的收集，制订实施计划，准备实验材料；实验实施阶段要求学生立足实习基地的实验设施和实验条件，完成实验设计内容，并确保获取的各项数据真实有效；总结汇报阶段，要求学生对实验数据进行合理分析，得出科学结论。

1.2 实习效果的评估与考核

实习要讲效果，既要促进学生掌握与巩固所学的知识，也要让学生学会自主学习和掌握知识的能力。因此实习评估要有多种方法和方式，引导学生注重对自身独立工作能力和综合素质的培养，也可进一步引起学生对野外实习的重视。

1.2.1 实习的总结

野外实习的总结工作包括学生个人总结、小组总结、课程总结以及学院总结。学生个人总结以实习报告或者小专题报告体现，而小组总结以 PPT 汇报形式体现，课程总结由带队老师执行，而学院总结是由学院实习课程负责人执行。不同层次实习的总结，可交流经验，相互学习，对不足之处提出改进意见，也为下次实习奠定良好的基础。通过野外实习，让学生初步学习和掌握野外研究的过程和方法，训练学生具体观察、发现及分析问题的能力，使野外实习真正成为提高学生综合素质的大课堂。

1.2.2 实习的成绩评定

为了更客观、公正地评价学生的实际能力，提高实习的效益，动物学滨海实习的考核评估方式也是多元化的。实习考核评估方式包括分类学考试、实习报告、科研小课题、实习小组展示和实习平时成绩等五个方面。分类学考试范围在收集标本中选择 50～100 种，涉及实习过程的主要门类。实习报告按照学校要求的统一格式撰写，每个学生单独完成。科研小课题主要根据课题报告和 PPT 展示评定，实习小组展示同样是根据 PPT 展示和答辩讨论由参加老师给定。成绩评估现在也强调平时成绩，包括云课程平台的预习、材料的准备、平时提问、实习工具管理、遵守纪律情况等等。目前，也在根据教学大纲的内容和要求编制网络考试题库，可完善实习的复习和总结。通过综合全面评价学生的实际能力，可促进实习教学规范化、科学化，更能使老师和学生从思想上重视实习，从而进一步提高实习效果。

第 2 章 滨海海洋环境

海洋生物，按照分布情况大致可以分为水域海洋生物和滩涂海洋生物两大类。在水域海洋生物中，鱼类、头足类和虾、蟹类是最主要的海洋生物。其中以鱼类的品种最多，数量最大，构成了水域海洋生物的主体。分布在我国滩涂上的海洋生物种类共有 1 580 多种，其中以软体动物最多，其次是海藻和甲壳类（虾、蟹），其他类群种类很少。滨海海洋生物包含近海主要经济种类和养殖种类，对海洋经济起着重要作用。

滨海带是海岸带的一部分，称为"海洋第一经济带"，海岸带是海陆之间交互作用的过渡地带，是地球海、陆、气系统中物质、能量、信息交换最频繁、最集中的区域，受物理、化学、生物、地质等多种过程的制约，是一个多功能、多界面、多过程的生态系统，具有复杂多样的环境条件和丰富多彩的自然资源。海岸线错综复杂，岬角、海湾相间，不仅岩石、泥质、沙质、泥沙质海岸线交替分布，而且具有珊瑚海岸、红树林海岸和河口区海岸，还有码头、养殖鱼虾塘海岸。海岸生态系统在我国一般可分为河口岸、基岩岸、沙砾质岸、淤泥质岸、珊瑚礁岸和红树林岸等六种基本类型。近年来，由于越来越多的人类活动介入，使滨海带成为人类经济和社会活动比较频繁的区域和生活生产的重要场所。

2.1 岩岸自然环境

岩石海岸（岩岸）是以花岗岩岩石为主体的海岸。岩石海岸由于受到海浪、海风和阳光的长期作用，往往会产生各种各样的风化现象。其中以海水侵蚀最显著，因此岩石海岸普遍存在着海蚀地貌。最常见的地貌有海蚀平台、海蚀崖、海蚀拱桥、海蚀柱、海蚀洞（穴）、海蚀槽、海蚀龛等。岩石海岸可以分为外向型岩石海岸和内向型岩石海，外向型岩石海岸是直接面向外海的岩石海岸；内向型岩石海岸是封闭程度最高的岩石海岸。外向型岩石海岸有以下特点：①由于岩石常受到波浪的击打作用，可以使得岩石在低潮时潮间带仍然保持一定的水分，而不会长时间处于干涸状态，在高潮时岩石也能获取一定的水分，因此保证了生物的生存。②岩石除了受到波浪的击打作用外，还有波浪回流时产生的剪切和裹挟作用，因此，这些地方非常危险，不是很适合进行科研实践活动。在内向型岩石海岸中，由于其受到陆地包围，具有较高的封闭度，岩石并没有受到波浪的直接击打作用，海面较为风平浪静。但是内向型岩石海岸处在湾角的地理位置，海水的潜流较为复杂，流速也很快。因此，内向型岩石海岸也不适合组织学生进行科研考察活动。

栖息于岩石海岸的生物有着垂直分布的特点，岩石表面栖息生物大多为一些附着能力强的种类，而自由活动的种类一般栖息于较为掩蔽的岩石缝隙处。由于受到海洋波浪和潮汐的作用，岩石海岸可以分为潮上带、高潮区、中潮区和低潮区，各个区域中分布着许多不同的生物群落。潮上带主要的生物类型有：海藻与真菌结合的成藻壳状的黑色地衣和蓝绿藻，动物主要有滨螺和等足类的海蟑螂。高潮区的主要生物类型有：龟足、粗糙拟滨螺、中间拟滨螺、日本花棘石鳖、黑凹螺、绒毛近方蟹、牡蛎、圆紫菜等。中潮区的主要生物类型有：牡蛎属的各个种类和藤壶，为牡蛎－藤壶带。低潮区有褐藻门的马尾藻，动物以软体动物和虾蟹类为主。（图2-1）

上左：泥滩，上右：低潮浅水海域，下左：沙滩，下右岩石滩

图2-1 各种滨海海岸环境

2.2 沙岸、泥沙岸自然环境

2.2.1 沙岸的自然环境

在各种海岸类型中，沙滩开发程度较高，很多沙滩海岸成为了旅游、娱乐和休闲

的胜地。沙滩通常由不规则的沙粒、石英颗粒和贝壳类碎壳等组成，其粒度大小主要取决于波浪作用的程度。沙滩有两个显著特征，一是可移动性和非永久性。这是在所有的海岸类型中唯一的动态岸滩，维持着侵蚀—沉积之间的动态平衡。其基质处于不停地移动中，并且一次台风可能把整个剖面变得面目全非，使沙滩粗化。除此之外，沙滩还受季节性的影响，一年为一个变化周期，夏季除台风期外产生沉积，冬季则发生浸蚀。侵蚀一般在冬季涨潮时最显著，沉积则发生在夏季退潮时。沙滩的另一个显著特征就是，其沉积物的通气性较泥滩好，但由于微生物呼吸作用以及化学物质氧化耗氧，其含氧量也随着深度增加而减少，最终出现还原层。沙滩有机质含量比泥滩低得多。

表面上看来，沙滩如同陆地上的沙漠一样，表现出一派荒凉，似乎没有多少活的生命痕迹，只有一些被海水冲上来的空贝壳、水母和鱼等死亡生物。而生物要栖息在这样环境下，必须要有适应的特点：①这些动物能深深地掘穴，其深度要超出波浪影响所及的范围，如双壳类的帘蛤。②当波浪把动物从沙中掀出来时，会立即迅速掘穴，如多毛类、小型蛤和甲壳类动物。这些动物一般体短，有非常发达的足，能很快钻进湿沙中。当它们被波浪掀出来的时候，没等到水的运动把它们卷走，立即又重新钻进沙中。生活在沙滩上的动物，除了具有掘穴的本领外，其身体结构还必须相适应。例如，多数掘穴的软体动物的贝壳光滑，以减少它们钻沙时的阻力。海胆为了便于钻进沙中，身上刺的数目也减少了许多。此外，为了适应在沙中呼吸，它们的呼吸器官还具有筛网，或者具有浓密的纤毛，能把沙粒挡住，但是水可以通过，以保证呼吸的正常进行。广东省沿海沙质滩涂潮间带各类群生物生物量的百分比组成中，软体动物居首位，占沙质滩涂潮间带平均生物量的80%；棘皮动物居第二，藻类植物居第三。沙滩海岸具有多种生物类型，因此，也开发了许多沙滩的自然保护区，如广东省惠东海龟湾国家级自然保护区。

2.2.2 泥沙岸自然环境

泥滩、泥沙滩或者沙泥滩是沿海常见的海岸类型之一。这些滩涂一般出现在河口湾或者其他海岛屏障的避风之处，由河流挟带的悬移质沉积发育形成。泥滩基质是细小的沉积物颗粒形成的泥；泥沙滩基质以泥为多，但含有一定分量的沙；沙泥滩基质以沙为多，但含有一定的泥。由于这些地方都是水运动最少的区域，因此，滩涂的坡度比沙滩平坦。与开阔的沙滩不同的是，这些类型的滩涂只局限在完全不受大洋波浪作用的潮间带地区形成，总是出现在部分封闭的海湾、港口和河口。这些类型的滩涂沉积物颗粒比较小，静止角度也很平，这意味着沉积物中的水不会排走，都留存在基质内。长期保留在缝隙中的水和上面的海水交换较少，水内细菌量很高，所以在表层几厘米以下的沉积物中往往很少氧甚至没有氧，在泥滩中尤其明显。沉积物中很少氧或者没有氧，是这类滩涂的一个重要的环境特征之一。由于这类滩涂具有累积有机物的功能，因此，栖息在这里的动物具有丰富的食物来源。泥滩、泥沙滩和沙泥滩海岸潮间带生长的生物群落与在沙滩海岸潮间带生长的生物群落有相同的部分，也有不同的部分。在沙滩海岸潮间带上很少有植物生长，但是，在泥滩、泥沙滩和沙泥滩海岸的潮间带中，生长着各种类型的植物，这些植物与生活在这个环境的动物构成了一个复杂的生态系统。在泥滩，数量最多的是硅藻，它们生活在泥层表面，退潮时使泥滩表面带有棕色。除此之外，常见的藻类植物还有江蓠（红藻）、石莼（绿藻）等。一些草本植物和红树林都是这些滩涂上常见的植物。由于这些滩涂有众多的初级生产者，所以有相当高的初级生产力。在海滩上没有专门以这些植物为食的大型动物，这些植物的叶子落在滩涂上，再进入海洋生物的食物网。栖息在这样的环境下的动物，大多适应于在松软基质中掘洞，或者建筑一个永久性的管状穴道，栖息于其中。与生活在沙滩中的动物不同，这些滩涂表面存在有许多大小不一、形状各异的穴孔。这是因为在这样的滩涂下面普遍缺少氧气，动物只有通过洞穴的孔来获得氧气和食物。由于这些滩涂实际上没有海洋波浪的直接冲击，所以，这里的动物也就没有必要像沙滩上的动物那样，发展出快速掘穴的功能，或者增大体重来固定身体的位置。生活在泥滩上的动物多为食底泥动物和食悬浮物动物。食底泥的动物如多毛类的沙蚕，食悬浮物的动物如蛤类、甲壳类。由于泥滩的初级生产力高，生活的各种动物也多，生物量大，且栖息密度也大。生活在这样类型滩涂的大型动物类群和沙滩上的类群大致相同，为各种多毛类、双壳类和甲壳类动物。只是其中有的种类不同。生活在这种类型滩涂上的肉食性动物主要是鱼类，它们在潮水进来时摄食，而鸟类则在潮水退落时摄食。在这样类型的海滩上，存在着两个危险的因素。第一个危险因素是泥滩上可能存在着淤黏土，泥沙滩或者沙泥滩上可能存在着流沙，这对人类的活动是一些危险性很高的地方。第二个危险因素就是潮水。由于这些类型的海滩、滩涂都比较平坦，面积都比较大，退潮后，滩涂一望无边。但是，当涨潮时潮水来得迅速凶猛，对在海滩上的人来说是非常危险，如果腿脚不麻利的话，容易被海水吞没。

2.3 岛礁的自然环境

2.3.1 岛礁的定义

有关岛礁的定义有以下几种：岛屿、礁、干礁、沙洲和暗沙。《联合国海洋法公约》和《中华人民共和国海岛保护法》都指出，岛屿是指四面环海，并在高潮的时候高于水面，自然形成的陆地区域。礁是指在海洋里面由岩石和珊瑚虫遗骸堆积而成的石状物，一般高潮时不露出水面，在海平面以下，包括暗礁、珊瑚礁、人工鱼礁等各种形式的礁。而干礁一般介于岛屿和礁之间，《海岛保护法》指出，干礁为低潮高地，在高潮的时候，它在海面底下，在最低低潮时，干礁才露出水面来。沙洲是指在海洋当中，高潮的时候露出水面的沙滩，如中建岛。暗沙无论在高潮还是低潮时都在海水底下，如曾母暗沙。海岸生态系统里的岛屿主要是指以石珊瑚为主的造礁生物形成的海岸珊瑚礁。

岛屿一般通过四种方式形成：①由于大陆架下沉，海水淹没低洼处，最终导致海拔较高的地方形成，或者由于气温的上升，海平面升高而淹没了大陆架较为低洼处形成。此类型岛屿称大陆岛，如台湾岛、海南岛、舟山群岛等。②由径流带来的泥沙堆积，长年累月下沉积于海，逐渐形成海岸陆地。此类型岛屿称冲积岛，例如崇明岛、百里洲等。③由海底火山喷发形成的火山岛，如夏威夷群岛、澎湖列岛、龟山岛等。④由珊瑚的尸体堆积而成的珊瑚岛，如中国南海的南沙群岛、澳大利亚的大堡礁等。

2.3.2 珊瑚礁的形成

珊瑚最宜生长在水温 18～30 ℃、盐度 27‰～40‰ 的海水中。水温超过 35 ℃ 会使大多数珊瑚死亡，而盐度太低也不利于珊瑚的生长。珊瑚的生长需要良好的光照度，因而大多生活在水深不足 45 米处。珊瑚一般在较硬的基底上生长良好，由软泥组成的底质不利于它的生长。珊瑚在海底营固着生活，当珊瑚体死亡后，坚硬的石灰质骨骼仍会保留，新生的珊瑚会附着在这些骨骼上继续生长繁殖。珊瑚礁是成千上万的由碳酸钙组成的珊瑚虫骨骼在数百年至数万年的生长过程中形成的。珊瑚礁为许多动植物提供了生活环境，其中包括蠕虫、软体动物、海绵、棘皮动物和甲壳动物等，估计占海洋物种数的 25%，此外珊瑚礁还是大洋带鱼类的幼鱼生长地。

2.3.3 珊瑚礁的分类

珊瑚礁按照其地理分布的不同可以分两类：深水珊瑚礁和热带珊瑚礁。许多石珊瑚在水温 20 ℃ 以下成长而形成深水珊瑚礁，这些石珊瑚一般利用周围水中的营养物质，而不像热带珊瑚利用阳光作为其首要能源物质。与热带珊瑚礁相比，深水珊瑚礁生长非常缓慢。形成这些珊瑚礁的主要物种是 *Lophelia pertusa* 和 *Madrepora oculcta*，这种珊瑚礁位于水深 200～1000 米之间。热带珊瑚只能在水温高于 20℃ 的地区生存，这些珊瑚与虫黄藻共生，利用阳光作为其能源物质，生活在水深 50 米以内、高于 20 ℃ 水温的地区。全球热带珊瑚礁的总面积约为 60 万平方公里，一般位于北纬 30°至南纬 30°之间，每年约堆积 6.4 亿吨的碳酸盐。

根据形状、大小以及与陆地的关系，珊瑚礁可以分为 5 类：岸礁、堡礁、环礁、台礁和斑礁。岸礁沿着大陆或者岛屿的边缘形成，大多数沿岸珊瑚礁是岸礁，有保护海岸的作用，是天然的水下防波堤，也称裙礁、边缘礁，如夏威夷恐龙湾、泰国普吉岛。堡礁位于大陆架的边缘，它在大洋与大陆架的浅水之间形成了一个屏障，可以是因为大陆下沉由岸礁演化而成，最著名的堡礁是澳大利亚的大堡礁。环礁通过风化岛屿逐渐被消磨，最后沉到水面以下，只剩下环绕着一个暗礁的环礁，一般是由火山岛周围的裙礁演化而成的，此外，大陆下沉和海面上升也会形成环礁，如马尔代夫由

26 个这样的环礁组成。台礁是指高出周围海底，中央没有潟湖，顶端为沙洲或小岛。而斑礁与台礁较为相似，但相对较小，一般分布于环礁和堡礁的潟湖中。

2.3.4　珊瑚礁的生态学和生物多样化

珊瑚礁具有非常高的生物多样性，根据有关调查，广东省和海南省中，珊瑚礁海岸在潮间带中存在各类型生物，如藻类植物、软体动物、多毛类动物、甲壳动物、棘皮动物和其他生物。其中藻类植物的生物量占 60.54%。在珊瑚礁中，珊瑚虫直接从海水中吸收无机氮和磷等营养物质，此外，珊瑚礁的初级生产力非常高，蓝藻、与珊瑚虫共生的虫黄藻和各种海带都为珊瑚礁提供丰富多样的营养物质，但是对于较小的藻类在珊瑚礁的作用还存在争议。迄今为止，在珊瑚礁中总共发现有 4 000 多种鱼类，如色彩鲜艳的鹦嘴鱼、琪蝶鱼、雀鲷和蝴蝶鱼等以及其他鱼类包括石斑鱼、笛鲷、石鲈、隆头鱼等。另外，海绵、腔肠动物、蠕虫、甲壳动物、软体动物、棘皮动物、尾索动物、海龟、海蛇等以及哺乳动物类的海豚也都以珊瑚礁为家，这些动物有的直接以珊瑚为食，有的以藻类、水草为食，构成一个复杂的食物网。一些无脊椎动物，包括海绵、多毛类、双壳类、星虫动物和甲壳类生活在珊瑚礁的岩石内部，共同构成生机盎然的珊瑚礁。但是，经济的发展带来一系列的问题，珊瑚礁生态系统面临着严重的威胁，工业污染带来的重金属、海岸湿地的丧失和赤潮严重影响了珊瑚礁的生态环境，破坏了珊瑚礁生态系统的平衡。此外，活鱼贸易、珊瑚白化、过度捕捞、泥沙沉积等也严重威胁着珊瑚礁生态系统的稳定，使珊瑚礁中各种海洋生物量和栖息密度都出现大幅度的减少。

2.4　海港码头自然环境

海港码头是海洋资源开发中一种主要的利用形式，能产生大量的社会经济效益，是海洋产业及海外贸易的重要支柱。近年来，随着经济的发展，外贸的增多，沿海海港码头越来越多，当前国际贸易运输量（以吨计）的 70% 和货运周转量（以吨公里计）的 90% 是通过航海完成的。由于现在的码头一般都由钢筋混凝土或者岩石构建，因此这种人工性质的海岸生态环境相较于之前自然的生态环境有了很大的变化，对生物群落也存在非常大的影响。之前的木制码头中，有牡蛎、滨螺、藤壶、海鞘和贻贝等多种动物种类，以及一些端足类的钩虾、等足类的蛀木水虱、凿穴蛤类的船蛆、海笋等能够钻蚀木头并以木屑为食的甲壳动物和双壳类动物。而现在的水泥岩石海港码头，一方面光滑的水泥面大大减少了这类海岸的生物多样性，另一方面岩石的微小孔隙也能为部分虾蟹等物种提供保护场所。另外，海港码头除了牡蛎、滨螺、藤壶、海鞘和贻贝等多种动物种类外，还有海蟑螂。

2.5 红树林湿地

红树林植被是热带、亚热带海岸的第一道防护林,其独特的支柱根、气生根、发达的通气组织以及致密的林冠等具有较强的抗风消浪功能。红树林具有促淤造陆功能,一方面通过红树植物密集交错的根系减缓水体流速,沉降水体中悬浮颗粒;另一方面网罗碎屑,加速了潮水和陆地径流带来的泥沙和悬浮物在林区的沉积,促进土壤的形成,抵抗潮汐和洪水的冲击。再者,红树林本身的凋落物量很大,这些凋落物加上林内丰富的海洋生物的排泄物、遗骸等,都为红树林海岸的淤积提供了物质来源。红树林生态系统是一个由红树林—细菌—藻类—浮游动物—鱼虾蟹贝等生物群落构成的多级净化系统,通过基质、微生物、植物三者的协调作用,实现污染物的高效净化。红树林的根系发达,对氮、磷的累积能力强,能够富集重金属、吸收某些放射性物质和吸收 SO_2、HF、Cl_2、CO_2 等气体。红树林生态系统是自然界高生产率的生态系统,具有高光合率、高分解率、高归还率的特点。红树林能不断地进行光合作用,把太阳能转化成化学能,并能从水体和土壤中吸收大量动物难以利用的碳、氢、氮等元素,将其制造成碳水化合物,以凋落物有机碎屑的形式输出有机物,为消费者和分解者提供物质来源,是滨海生态系统中的主要组成部分。(图 2-2)

图 2-2 红树林生长环境

红树林生态系统有很高的生物多样性，支持着众多类型的鸟类、鱼类、贝类、甲壳类、昆虫和浮游动植物等，独一无二的生态环境为它们提供了食物、繁殖场所和栖息地，同时这些动植物的频繁活动促进了红树林生态系统本身的物质循环与能量流动及其与相邻海陆的物质交流。由于独特的红树林生态系统的水文环境，经长期的自然选择和进化适应，除了红树林植物藻类作为生产者和丰富的动物群落作为消费者外，还形成了独特而又丰富的微生物类群。微生物作为生态系统不可或缺的组成部分，扮演着分解者的重要角色，分解红树林的枯枝落叶，鱼虾贝类藻类和其他生物的残骸，以及排入红树林中的有机污水，释放出无机养料供给红树林本身和其他生物，从而起到物质转换和净化环境，避免海水富营养化的作用。

红树林湿地生态系统处于海洋生态系统和陆地生态系统过渡带，由于周期性遭受到海水浸淹，在结构与功能上具有不同于陆地生态系统和海洋生态系统的特性，是海湾生态系统的重要生产者，对热带亚热带自然生态平衡起着特殊作用。红树林生态系统具有多种生长型和不同的生态幅度，各自占据着一定的空间，其生境中每一级都具有丰富的种类组成，如红树林植物、各种鸟类和底栖动物等，为生物群落中各级消费者提供重要的栖息和觅食场所，成为在咸淡水交迭环境中生存的动物、植物和微生物丰富的基因库。

2.6　影响滨海自然环境的主要因素

水深、水温、盐度、密度、海流、波浪、水色、透明度、海冰、海发光等海洋水文要素是研究海洋海水物理、化学及生物过程的参数，这些水文要素都不同程度地影响着滨海环境发生的许多现象和过程，如海上交通、海岸防护、滩涂围垦、港湾建设、制盐产业、渔业捕捞和养殖、国防建设等。人类想要更好地利用好滨海，就必须对其水文要素进行细致的研究，最大程度地研究掌握其分布和变化规律，这样可为防灾减灾、航海、海洋水文保障、海洋工程、海洋能资源开发利用等提供科学依据。

2.6.1　温度

滨海海水的温度，反映海水热状况的物理量，以摄氏度（℃）表示。在水平方向上，垂直方向上都存在着不同的变化，而且每天的不同时刻都发生着变化。滨海海水温度的分布变化主要取决于大陆的气候、径流、洋流、潮流、太阳辐射、纬度季节和深度等。海水温度的变化有着一定的规律，水温一般与纬度成反比，随着纬度的增高，海水温度呈现出不规则的下降态势；等温线在暖寒流交汇处密集，而且梯度较大；同纬度海区，暖流流经海水温度较高，寒流流经海水温度较低；夏季海水温度高，冬季海水温度低；表层海水随深度的增加而显著递减。因此，不同的地区由于各种因素相互交汇影响，即使是同一纬度，滨海海水温度也千差万别。

2.6.2　盐度

盐度的基本定义为每千克的水内的溶解物质的克数，海水的平均盐度是35‰，即每千克大洋水中的含盐量为35克。一般来说，大洋水中盐度的变化很小，滨海水域的盐度变化较大，主要受到大陆径流和外海高盐度海水的制约，它们的消长决定了盐度的区域分布和年变化。夏季，大陆径流较强，近岸海域表层盐度将至全年最低，河口区的低盐水浮在表层呈舌状向外扩展，外海高盐水则潜在其下方向沿岸逼近，水平梯度和垂直梯度都较大。冬季，大陆径流逐渐减弱，岩岸低盐水向岸边收缩，与此同时，外海高盐水向岸边推进，呈强混合状态，表层升至全年最高。

2.6.3　海水中的营养物质

传统意义上的海水营养盐是指溶解于海水中作为控制海洋植物生长因子的元素，主要是一些含氮、磷、硅元素的盐类，包括磷酸盐、硝酸盐、亚硝酸盐、铵盐和硅酸盐。严格来讲，海水营养盐也包括某些微量的金属。海洋浮游植物生长繁殖需要海水营养盐，是海洋初级生产力和食物链的基础。调节海水营养盐的浓度和组成比例来调控浮游植物的群落结构，可有效控制赤潮发生。在近岸浅海和河口区中，海水营养盐的含量分布不但受浮游植物的生长消亡和季节变化的影响，而且与大陆径流的变化、温度跃层的消长等水文状况也有很大的关系。

1. 氮盐

氮是海水中主要的营养元素之一，对浮游植物的生长和繁殖必不可少。海水中的氮几乎为饱和状态，但是海水中的绝大多数植物并不能直接利用海水中的无机氮，必须将这些无机氮转化成相应的氮盐才能够被生物利用。海水中的氮来源主要是由径流带入，其次为大气降雨和海洋生物的排泄和尸体腐蚀。光合细菌、固氮菌、厌氧菌和蓝细菌这些海洋固氮微生物能将海洋中的无机氮转变成氮盐，一旦固氮微生物大量繁殖，将会使海水富营养化而引起赤潮。

2. 磷酸盐

磷酸盐是海水中丰度较大的营养物质，对浮游植物的生长和繁殖也是必不可少，海水过于丰富的磷酸盐含量也会引起赤潮。在滨海地区，磷酸盐营养物质有着季节性的变化。春季，浮游植物生长速度加快，大量消耗海水中的磷酸盐，到夏季几乎到达全年最低值。底层的海水浮游植物相对较少，微生物活跃，使含磷有机化合物大量分解，因此，底层磷酸盐含量一般高于表层。秋季随着表层海水温度的下降，逐渐产生对流作用，直到冬季，丰富的底层磷酸盐与表层低磷酸盐海水进行交换，使表层海水磷酸盐含量达到全年最高值。除了受到季节性变化的影响，滨海地区大量的沿岸工业、陆地径流、生活排污和海水的运动等都能使磷酸盐的分布呈现复杂的变化。

3．硅酸盐

海水中的硅以溶解态和悬浮态两种形式存在。溶解态硅主要以单体硅酸的形式存在，是海水中硅藻、放射虫和硅质海绵等生物的营养物质，并对这些海洋生物的生长繁殖必不可少。因此，海水中溶解态硅的含量分布反映着这类生物的生长繁殖、群落结构及生物量。悬浮态硅主要包括硅藻等生物的尸体残壳和岩岸风化等作用产生的细微硅颗粒，大量的悬浮态硅被径流带入滨海，所以滨海河口地区能显著影响悬浮态硅的含量及分布。滨海硅含量变化不但受河口径流、生化过程及海水运动等因子的影响，还存在季节的规律性变化。冬季，海水表层硅含量达到最高值。春季，硅藻大量繁殖消耗大量的溶解态硅，达到全年最低值。夏季，由于海水温度的上升，又会抑制硅藻的生长，消耗溶解态硅下降，海水中的硅酸盐含量此时又稳步上升。

2.6.4 深度

海岸带是海洋和陆地相互作用的地带，即由海洋向陆地的过渡地带。我国在20世纪80年代初的《全国海岸带和海涂资源综合调查简明规程》中规定：海岸带的内界一般在海岸线的陆侧10千米左右，外界在向海延伸至10～15米等深线附近。海岸带中的滨海带由岩岸陆地（潮上带）、海滩（海涂、潮间带）和水下岸坡（潮下带）三部分组成。潮上带又称后滨，一般的风浪、波浪不能作用到，但遇到特大风暴、海啸和潮汐时，能够显著地影响到潮上带环境。潮上带地区一般情况下受到河流的侵蚀作用、入海口处的泥沙堆积作用、沿岸风作用、珊瑚和红树林等生物作用和高纬度地区的冰川作用等形成多种形式的海岸生态系统，包括沙丘、海蚀穴、海蚀崖、海蚀平台和泻湖洼地等。潮间带是平均高潮线与平均低潮线之间的地带，又称前滨，有岩滩、砂质和泥质等类型。潮下带，又称内滨，它的上限是低潮线，下限是波浪、潮汐有显著作用的地带，水深在平均坡长的 1/3～1/2 处，此深度波浪发生形变，最后形成破浪。由于破浪能量释放，水下有砂的堆积，形成水下砂坝，水下岸坡的下限水深 10 米左右，其下为浅海外滨区。

2.6.5 潮汐

1．潮汐现象

海水有一种周期性的涨落现象：到了一定时间，海水迅猛上涨，达到高潮；过后一些时间，上涨的海水又自行退去，留下一片沙滩，出现低潮。如此循环重复，永不停息。海水的这种运动现象就是潮汐。这种周期性的运动是海水在月球和太阳的引力作用下形成的，通常习惯上将潮水在海面垂直方向的涨落称为潮汐，在水平方向上的运动成为潮流。在沿海地区，潮汐现象是非常普遍的，我国古代将白天发生的潮汐称为"潮"，将晚上发生的潮汐称为"汐"，即"昼涨称潮，夜涨称汐"，统称"潮汐"。

在月球、太阳的引力作用和地球自转产生的离心力作用下，地球的岩石圈、水圈和大气圈都能分别产生周期性的运动和一定的变化规律，这种现象称为潮汐。地壳在月球、太阳的引力作用下产生的弹性-塑形形变称为地潮或固体潮。海水在月球、太阳的引力作用下产生的周期性涨落运动称为海潮。大气在月球、太阳的引力作用下产生的周期性运动称为气潮。地潮、海潮和气潮都属于潮汐科学研究的一部分，但由于海潮运动对人类社会经济生活息息相关且十分显著，因此习惯地将海潮运动狭义地理解为"潮汐"。

2. 潮汐成因

在非惯性系下，引潮力是月球的万有引力和与之对应的惯性力，还有太阳的万有引力和与之对应的惯性力等四种力的合力。即月球、太阳的引力和地球自转产生的离心力引起海水涨落的作用力，称为引潮力。太阳质量比月球大得多，但是太阳离地球的距离是月球的 400 倍，因此月球与太阳的引潮力之比大约为 11∶5。引潮力能影响地壳的弹性—塑形形变，从而影响海潮；引潮力也能影响大气的周期性运动，从而影响海潮。引潮力本身能引起海水的涨落，因此潮汐现象在引潮力的作用下变得复杂。

引潮力时刻都在周期性变化，这是由于地球、月球在不断运动，使得地球、月球与太阳的相对位置在发生周期性变化，最终引起周期性的潮汐现象发生。一日之内，地球上各处的潮汐均有两次高潮和两次低潮，每次平均周期 12 小时 25 分，总共 24 小时 50 分，所以地球上某一地区的潮汐涨落时间都要比前一天推迟约 50 分钟。当地球、月球与太阳的相对位置成一条直线时，即当月球处于新月（农历初一）和望月（农历十五）时将会引起大潮，此时月球对地球的引力达到最大值，潮水高潮达到最大而低潮达到最低。当地球、月球与太阳的相对位置互成直角时，即当月球处于上弦（农历初七和初八）和下弦（农历二十二和二十三）时将会引起小潮，此时月球对地球的引力达到最小值，潮水高潮达到最低而低潮达到最高。退潮时，潮水退到最低处称为低潮线。涨潮时，潮水涨到最高处称为高潮线。潮间带是介于平均高潮线与平均低潮线之间范围的地区。

3. 潮汐类型

一日内两次潮汐的周期为 24 小时 50 分，根据海水涨落的情况将潮汐分为半日潮、全日潮和混合潮三种类型。半日潮指昼夜有两次涨落的潮汐，其特征是每天出现两次高潮和两次低潮，且高潮位潮高相等，低潮位潮高相等，涨潮历时和落潮历时也相等。广东沿海地区的潮汐主要以不正规的半日潮为主，高潮位潮高不相等，低潮位潮高不相等，涨潮历时和落潮历时也不相等，如大亚湾潮汐。全日潮指在一个昼夜内，只有一个高潮和一个低潮，高潮和低潮相隔时间约12小时25分，如北海、北戴河等地。混合潮介于半日潮和全日潮之间，有时一天两次涨落潮，有时一天涨落潮。

第3章 滨海实习方法与技术概论

"滨"通常是指海与陆相接，受潮水涨落影响的海岸，又称潮间带，这里地形复杂，动物繁多，生态现象绮丽；而"海"指近岸浅水海域，是水产养殖等重要场所，因此滨海是生物学野外实习的重要场所。通过滨海动物学实习，学生可进一步认识各种海洋动物的形态、结构、生活方式、多样性以及它们与周围环境相互协同的关系，并通过生物定量分析方法，了解动物种群分布特点以及其在生态环境中的作用，通过观察和解剖一些代表生物，了解到各门、纲生物的主要特征，一定程度上巩固理论教学内容，并通过各门、纲生物结构的比较，使学生深刻理解海洋动物的多样性及生物从简单到复杂、从低等到高等进化的趋势及意义。要求通过实习，学生能在以下方面有所收获：①潮间带生态环境特点的了解与掌握，主要包括潮汐现象的规律以及沙滩、泥滩、岩礁、岩石滩等不同的生态环境的特点。②标本的采集与鉴定，对不同的生态环境分别进行标本采集并带回鉴定，以对潮间带分布的动物的生活习性、生态特征、分类地位与经济价值等有基本的了解，在此基础上对潮间动物与环境之间的相互关系有基本的认识。③通过对采集到的动物标本的处理，初步掌握动物标本的采集、麻醉、固定与保存的基本方法，掌握潮间带动物生态调查、研究的一般方法。当然最终是学生能通过实习，获得综合能力的提高。

3.1 实习的前期准备

3.1.1 实习时间和地点的选择

潮间带实习应根据潮汐表，选择当月大潮前后的5天左右进行，这时潮间带海滩暴露的时间长，区域跨度大，对观察和采集最为有利。不同底质的潮间带，常生活着不同种类的动物。采集地点最好选在包括岩岸、沙滩、泥沙滩、泥滩和砂砾岸等区域，还要有一些重要的人为环境，如浪坝、码头等。比较平坦的海滨，退潮时暴露的面积大，采集范围也就大。潮间带避风良好的，宜于生物生长，风浪大的岩岸，则种类较少。

3.1.2 实习工具及药品

滨海动物学部分不应只局限于贝类，还应包括腔肠动物、海绵动物、软体动物、环节动物、节肢动物、棘皮动物，并兼顾原生动物、扁形动物、鱼类、腕足动物、苔藓动物等。实习工具和药品的准备应全面。另外，还涉及部分种类的腔肠动物、软体动物、鱼类活体、棘皮动物可以在塑料盆内进行海水暂养，须采用小型氧气瓶，观察其生活习性。

实习工具：组织指挥需要口哨、喇叭、望远镜、手提电话，也要有录像机、照相机收集实习资料，同时也须准备雨衣雨伞做好防晒和天气变化。采集收集必须携带铁锹和铁铲挖底栖动物，用铁锤和铁凿采集固着于岩石上的动物，长镊子夹持动物，塑料桶或者塑料盆临时盛装标本，另外，也需要标本瓶、采集袋、载玻片、纱布等若干。处理和制作标本需要标本箱、标本瓶、标本纸、标本夹等及相关包装材料。也须准备 500 mL 量筒和 10 mL 注射器及针头。活体标本的保存需要小型氧气瓶及活体充氧运输装备。

实习药品：麻醉剂，如结晶氯化锰，用时配制成 0.05 %～0.2% 水溶液。硫酸镁或者结晶薄荷脑磨成碎末或直接用其结晶撒于装动物的海水里。固定剂：乙醇有固定、硬化和脱水的作用，使用时先低浓度乙醇固定数小时，再用高浓度乙醇固定，一般用 70 %～75% 乙醇来保存标本动物。甲醛（福尔马林）穿透力较强，固定均匀，常用 7%～10%，也用 5%～10% 浓度甲醛保存标本。也可配制布温氏固定液，配方为苦味酸饱和水溶液 75 份、40% 甲醛 25 份、冰醋酸 5 份。

3.2 海滨潮间带实习方法

3.2.1 海滨潮间带各类无脊椎动物的采集

滨海潮间带无脊椎动物中最常见的是软体动物和节肢动物。腔肠动物、环节动物、星虫动物、触手冠动物、棘皮动物种类则相对较少。许多潮间带物种已经进化出各类抵御敌害的生态习性，因此，采集物种时，需要学习一些相关技巧，以便能够在保护采集者自身安全的前提下采集到相对完整的标本。采集到的动物临时保存时，注意应尽量营造一个与其生境相似的环境，且容器中不得存放过多动物，防止动物互相伤害。以下介绍各类滨海潮间带无脊椎动物的一般采集方法。

1. 营固着吸附生活的无脊椎动物

岩岸表面粗糙，藻类丰富，动物种类也十分丰富。这些动物为适应海浪的冲击多固着、吸附于岩石上,有的也隐匿于岩石下或石头间隙中。在高潮线附近的岩礁表面,有藤壶、牡蛎,附着能力强,需用铁铲撬开或者用锤子击落,注意尽量保持动物体的完整以获取完整的标本。潮间带岩面,常可看到用足牢牢吸附着的帽贝类,如矮拟帽贝、菊花螺等,在岩礁侧壁或岩石块上下,常可发现各种石鳖,帽贝及石鳖均为扁矮,表现出对环境的适应,采集这两类动物时,需出其不意,迅速用力使之脱离岩面,否则不易取下。潮间带低潮线附近的石缝中可看到鲜艳夺目的海葵,像开放的菊花,故俗名"海菊花",身体十分柔软,需用铁钎将其附着的岩石一块敲下。在岩石低洼水域,海绵、水螅及水母多附在海藻、贝壳、岩石等物体上面,须耐心寻找,才能采到。如麦秆虫用其胸足钩附在海藻上生活,其形态和颜色与海藻很相似,是观察拟态和保护色的好材料,采集时可用小镊子轻轻地将其与海藻分开,放入盛海水的瓶中带回。

图 3-1 不同海洋动物生活方式

2. 营穴居生活的无脊椎动物

细沙岸、沙多泥少或泥沙兼半的泥沙岸,营养物质相对缺乏,同时也缺少动物固着的硬表面,受海流和海浪影响比岩岸更大,多数动物在沙或泥沙下面生活,它们筑管或挖穴,须寻找洞穴进行挖掘和采集。环节动物多栖息于洞穴或特别的管内,如沙蠋、沙蚕等,居于泥沙滩的"U"形管内,采样时宜在两管口间划一直线,以铁铲在线的一侧挖掘,挖到一定深度才可得到完整的管穴。在沙滩和泥沙滩中还潜伏生活着瓣鳃类动物，退潮后其水管缩入沙内，在海滩上留下洞口小孔，或者漏斗状的凹陷，不妨多挖掘一些这样的洞穴，总有收获。沙滩或泥沙滩中虾蟹种类很多，有的也营洞穴生活。少量棘皮动物及腕足动物海豆芽也藏在泥沙中生活，有一定的筑穴规律。

在沙滩或泥沙滩上，还可见到多种腹足类，这些动物在海滩爬行，身体完全暴露，很少钻入沙底生活，有的种类爬行终止时潜入沙内，但多数较浅或仅隐其身，常常有爬行的足迹可寻。如织纹螺、壳蛞蝓、泥螺、扁玉螺等。

3. 岩礁间的无脊椎动物

除固着、吸附、穴居生活的种类以外，在低潮岩礁隙缝或浅水沙底中生活着多种动物，如荔枝螺、锈凹螺等多种螺类；也有蟹类、海蟑螂等。蟹类大多躲藏在石缝中，行动敏捷，可翻开岩石以暴露个体并迅速抓捕，许多蟹类遇惊吓会用螯足防御，故一般用镊子采集。采集完毕时，应尽量将岩石搬回原来的位置。浅水石块下还有涡虫，几种鳞沙蚕，采集时要特别注意观察。头足类中的长蛸和短蛸，是岩岸底栖种类，常在岩礁下采到。

4. 生活在水中的无脊椎动物

沿海水域中常见无脊椎动物有海蜇、海参、海胆、水母等动物。海蜇的刺细胞可损伤皮肤并分泌毒素，故不能用手抓捕，需用网或盆等器皿捞捕。海参戴手套抓捕即可，海参遇刺激会排出内脏，为保证标本的完整性，抓捕时动作应轻柔。海胆用稍大的夹子轻轻夹取即可。钩手水母营浮游生活，形如降落伞，可用手一个个捞取。漂浮于海水中的海月水母，可用网捞取后立即放入含5%的福尔马林浸液中保存。

3.2.2 滨海无脊椎动物标本处理与制作保存

采集来的标本一般需要对其进行冲洗，以除去表面的泥沙、碎屑等杂物。将需要麻醉的动物用新鲜海水冲洗，不需要麻醉的动物也可以用淡水冲洗。

由于大部分动物身体遇刺激会强烈收缩，导致外观改变而难以辨认，因此不宜直接将标本置于固定液中保存，而要先行麻醉，麻醉所使用的药品有 $MgSO_4$ 溶液、$MgCl_2$ 溶液、乙醇、乙醚、氯仿、薄荷脑等。一般等到动物处于舒展状态后再将其进行麻醉，以便尽可能保留其自然的外观形态。对于受到刺激会产生较强反应的动物，例如海葵，需先将其培养在海水中，待其舒展，再向水中缓慢添加麻醉剂，防止惊动动物。

将麻痹状态下的动物置于盛有足量固定液的器皿中封存。常用的固定液有70～80%的乙醇，5%～10%的福尔马林等。为防止标本变坏，可以把标本预先在稍高固定液中浸泡24小时，然后再放入标本瓶中，每一标本瓶内的标本体积不多于容积的2/3。相比乙醇，福尔马林保存标本不易褪色，且用量少，但对人体有一定的毒害作用。

经过处理的动物，置于保存液内，然后根据种类不同，分装到标本瓶内，以蜡封瓶口。标本先作鉴定，确定学名，然后根据标本清单（种类、数量等）制作标签。标签应注明标本号、属名、学名、颜色、生境、采集时间和地点、采集人、鉴定人等内容，并应进行数码拍照制作电子档案。标本按照各门类的分类系统排列和保存。排列种内标本时，尽量把同一产地、同一性别的标本放在一起。标本维护以预防为主，防微杜渐，及时消除贮存中的隐患，加强标本的日常维护与修整工作。

1．海绵动物

将标本放在盛有海水的器皿中，静止几分钟，可直接用80%的乙醇杀死，保存于70%的乙醇中（切勿用福尔马林液，以免骨针被腐蚀）。

2．腔肠动物

水螅、海葵等，先用海水饲养，待身体及触手充分伸展时，用硫酸镁沿着容器四周缓慢投放，经3～5小时麻醉后，用浓福尔马林液将其杀死固定，再将海葵移入5%的福尔马林溶液中保存。

3．扁形动物

将涡虫放在备有海水的玻皿中，待虫体伸展，身体向前爬行时，用布温氏溶液从虫的尾部往头部很快地浇上，避免虫体发生卷曲。保存于70%的乙醇中。纽形动物：先将纽虫放在盛有海水的白瓷盘中，待身体完全伸展开，用50%的乙醇慢慢滴入，经2～3小时麻醉后，保存于5%的福尔马林液中。

4．环节动物

先将虫体放在盛有新鲜海水的浅盘中，待虫体完全伸展后，待其腹内泥沙等废物都排出后，用薄荷脑或者硫酸镁饱和液麻醉约3小时，之后将海水吸出，倒入7%福尔马林溶液杀死，8小时后移入5%福尔马林溶液保存。对较大型的虫体，可向体内注射适量高浓度的福尔马林，以防体内器官腐烂。

5．软体动物

小型螺类和双壳类清洗后可置入70%～75%乙醇溶液中直接进行固定和保存。贝壳较厚无光泽的种类，可用5%或7%福尔马林溶液保存；因福尔马林液会使贝壳失去光泽，所以有光泽者必须用乙醇固定保存。若用螺类或瓣鳃类的贝壳做标本，可先用热水将动物杀死，除去肉体部分，将贝壳洗净，晾干保存。头足类的章鱼、乌贼等需用硫酸镁麻醉，待触腕伸展，活动能力逐渐减弱到将死亡时即可固定和保存。有一些软体动物个体较大，为防止腐烂，先向体内注射10%的福尔马林液，再用5%福尔马林保存。石鳖类先以饱和硫酸镁液麻醉2～3小时后，将动物夹在两片载玻片之间，用线扎紧，再投入5%福尔马林液中保存。海牛壳蛞蝓等也必须先用硫酸镁麻醉数小时后，加满海水，盖紧瓶口，动物被窒息而死后，再取出保存。

6. 节肢动物

用清水洗净后，将采集到的甲壳类用 5%～10% 的乙醇麻醉，取出后放入 70% 的乙醇中保存，或在 10% 的福尔马林中杀死、固定，然后把标本放入盛有 70% 乙醇与 10% 的甘油浸制液的标本瓶内保存。

7. 棘皮动物

海星、海燕等，应将其置于盛海水的玻缸中使其管足伸展，用硫酸镁麻醉 2～3 小时，用 95% 的乙醇或 10% 的福尔马林由动物的围口膜注入体腔内，直到每个管足都充满液体竖起为止，然后于 70% 的乙醇或 5% 的福尔马林（加碳酸氢钠）液内保存。海参类遇刺激性药品会收缩，且能将内脏、呼吸器官喷出，所以应先将海参置于宽阔容器内饲养，待身体及触手完全伸展后，用硫酸镁或薄荷精一点点加入水中进行麻醉，再用解剖针触动动物体及触手不再收缩为度，然后用 5% 的福尔马林液杀死、固定并保存。海星、海燕等，若制成干标本，先用淡水浸泡除去盐分，再放于盘中，调整体形，用开水或福尔马林液杀死，晒干即可。

3.3 鱼类实习

3.3.1 鱼类标本的采集

鱼类标本的采集可根据实习条件和要求在水产市场购买或联系渔民用网采捕。准备好采样工具，如测量用的尺和电子天平、解剖盘、镊子、剪刀、塑料桶、油性记号笔等。到达采样地后收集好相关环境生态数据，并记录网具规格及放置时间等与采样相关的信息。采取随机取样原则，要收集不同大小和不同性别的个体，选择形态特征完整及发育正常的个体做标本。

测定鱼类的可数性状和可量性状，进行分类鉴定。记录标本编号、种名、采集时间和点、采集人和鉴定人等。同时采集鱼类标本的整体特征、主要分类特征（头部器官、各鳍）等图像信息。

3.3.2 鱼类标本的制作和保存

将选定做标本的鱼体、口腔及鳃腔冲洗干净，用 6%～10% 的甲醛固定和保存。制作标本时将鱼放在盘中，用镊子将鳍展开，保持鱼体自然姿态，腹腔注射甲醛，大的标本储藏在陶瓷罐或水泥槽中，中小标本可瓶装，密闭遮光保存，防标本褪色及药液蒸发。

第 4 章 滨海习见软体动物图谱

4.1 软体动物的主要特征

4.1.1 软体动物的一般特征

软体动物在形态结构上差别很大,但基本的结构是相同的。它们的身体柔软不分节或假分节,通常由躯干、头部、足部、外套膜和贝壳构成。软体动物根据体制是否对称,贝壳、鳃、外套膜、神经和行动器官等特征,可以分为 7 个纲,即无板纲、多板纲、单板纲、双壳纲、掘足纲、腹足纲和头足纲。

无板纲、单板纲动物种类少,且分布于深海,极难见到。多板纲即石鳖类动物,这类动物身体扁平、左右对称,背部 8 片贝壳基本覆盖软体。双壳纲(旧称瓣鳃纲)动物很常见,软体部分大多被 2 片几乎对称的贝壳所包被,具有肌肉质的足,头部大多退化。掘足纲即角贝类动物,具 1 个尖长的贝壳;腹足纲动物很常见,足部发达且位于躯干腹面,绝大多数具有 1 个贝壳,原始类群的贝壳不螺旋或轻微螺旋,如笠贝、鲍。大多数物种的贝壳发生右手螺旋,形成多层螺层,如常见的海螺类动物。腹足纲也包含某些不具有硬质贝壳的生物,如海兔。头足纲动物足部极发达,特化为八或十条腕,由头部伸出,运动能力强。少数物种具硬质贝壳,如鹦鹉螺、船蛸。

具硬壳的软体动物死亡后,软体很快分解,而硬壳可保存较长时间,因此在野外获得的软体动物只剩下外壳。鉴别软体动物种类时,常常以硬壳形态外观为主,但是需要注意的是,不能将此作为绝对的判断标准。一方面,贝壳表面的颜色、附属物在风化作用后可能退化;另一方面,某些软体动物的壳表面附着许多壳毛,或其他动物,如藤壶、盘管虫等,这些动物的生命活动对贝壳的外观有一定影响。

4.1.2 腹足类形态学分类术语

腹足类软体动物(图 4 - a)的形态学分类术语如下。
(1) 螺旋部:螺内脏囊所在之处,可以分为许多螺层。
(2) 体螺层:贝壳的最后一层,它容纳螺类的头部和足部。

（3）壳顶：螺旋部最上的一层。是动物最早的胚壳。有的种类壳顶常磨损。

（4）螺层与缝合线：贝壳每旋转1周称为一个螺层。两螺层之间相连处称为缝合线。缝合线是两螺层之间的界线。

（5）螺轴：螺壳旋转的中轴。

（6）壳口：体螺层的开口称为壳口，分为不完全壳口和完全壳口。不完全壳口是指壳口的前端或后端常有缺刻或沟，前端的沟称前沟，后端的沟称后沟；壳口大体圆滑无缺刻或沟，称为完全壳口。

（7）内唇：在壳口靠螺轴的一侧。在内唇部位常有褶襞，内唇边缘也常向外卷贴于体螺层上，形成滑层或胼胝。

（8）外唇：与内唇相对的一侧。外唇随螺的生长而逐渐加厚，有时具齿或缺刻状的外唇窦。

图4-a 海水螺类形态结构

（9）脐与假脐：螺壳旋转在基部遗留的小窝。脐的大小随种类而不同。由内唇向外卷曲在基部形成的小凹陷称为假脐。

（10）绷带：位于体螺层近前端靠近脐孔的上方，是内唇向外卷曲在基部形成的褶皱。

（11）螺肋与纵肋：壳面上与螺层平行的条状突起称螺肋。壳面上与螺轴平行的条状肋称纵肋。较粗的突起肋，称纵肿肋。

（12）肩角：螺层上方膨胀形成肩状的突起，肩角的上部称肩角面。

（13）棘刺：壳面上的针状突起，较短的称棘，细长的称刺。

（14）厣：足部后端背面皮肤分泌形成的保护器官。厣有角质和石灰质两种，形状通常与壳口一致，厣上有生长线与核心部。

（15）壳高：由壳顶至基部的距离。

（16）壳宽：体螺层左右两侧最大的距离。

（17）贝壳的左旋和右旋：将壳顶向上，壳口朝着观察者，贝壳顺时针旋转，壳口在螺轴的右侧者为右旋；贝壳反时针旋转，壳口在螺轴左侧者为左旋。

（21）贝壳的方位：按贝类运动时的姿态来确定，壳顶一端为后，相反的一端为前，有壳口的一面为负面，相反面为背面。将背面向上，负面朝下，后端向观察者，在右侧者为右方，在左侧者为左方。通常也称后端的壳顶为上方，前端为基部。

4.1.3 双壳类形态学分类术语

双壳类软体动物（图4-b）的形态学分类术语如下。

（1）壳顶：贝壳突出于表面尖而弯曲的部分。是贝壳最初形成的部分。

（2）小月面：壳顶前方常有一个小凹陷，为椭圆形或心脏形。

（3）楯面：壳顶后方与小月面相对的一面，为一个浅凹陷。通常为披针状，其周围有脊或浅沟与壳面区别开。

（4）生长线：以壳顶为中心，呈环形的生长线。生长线有时突出，具鳞片或棘刺状突起。

（5）放射肋与放射沟：以壳顶为起点，向腹缘伸出放射状排列的肋纹，肋上常有鳞片、小结节或棘刺状突起。放射肋之间的沟称为"放射沟"。

（6）前耳与后耳：丁蛎、扇贝、珠母贝等的壳顶的前、后方具壳耳，前端称为"前耳"，后端称为"后耳"。

（7）闭壳肌痕：闭壳肌在贝壳内面留下的痕迹。

（8）铰合部：位于背缘，是左右两壳相衔接部分。有铰合齿和韧带。原始种铰合齿多。

（9）韧带：铰合部连接左右两壳并且有开壳作用的褐色物质，为角质构造，有弹性。有外韧带和内韧带之分。

（10）外套痕：外套膜环肌在贝壳内留下的痕迹。

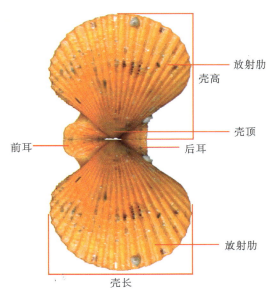

图4-b 双壳类形态结构

（11）外套窦：水管肌在贝壳内面留下的痕迹。

（12）足丝：是由足丝腔和足部内单细胞腺体（又称"足丝腺"）分泌的产物，这种分泌物经过足丝腔表皮细胞与水相遇变硬成为贝壳素的丝状物，集合而成足丝。它是营附着生活的双壳类的特殊器官。

（13）壳高、壳长和壳宽：一般由壳顶至腹缘的距离为壳高；贝壳前端至后端的距离为壳长；左右两壳之间最大的距离为壳宽。

（14）副壳：一些双壳类两壳不能完全闭合，外套膜特别封闭而且具有水管的种类，长在壳外突出部分产生石灰质副壳。有的副壳不属于贝壳而独立存在，也有副壳与贝壳愈合而一。

（15）贝壳的方位：两片贝壳在壳顶处由韧带将其连接在一起称为背部。与背部相对应的一侧称为腹缘。一般有外韧带或外套窦的一端称为后端；有一个闭壳肌的种类，贝壳肌所在的一侧为后端。

4.2 习见软体动物

1. 日本花棘石鳖 *Liolophura japonica*（Lischke，1873）

分类地位：多板纲 Polyplacophora，新石鳖目 Neoloricata，石鳖科 Chitonidae。

形态特征：体长扁椭圆形，壳板褐色，环带上黑色和白色的棘相间排列，呈带状。头板上有互相交织的细放射胁和生长纹；中间板具有同心环纹；尾板小。8 枚壳板中以第 3 板最宽。环带上着生粗而短的石灰棘。鳃数目多，沿整个足分布。

生态习性：栖息于潮间带中、低潮区岩礁上。习见于中国东南沿海。大辣甲岛岩礁常见。

图 4-1

2. 杂色鲍 *Haliotis diversicolor*（Reeve，1846）

分类地位：腹足纲 Gastropoda，原始腹足目 Archaeogastropoda，鲍科 Haliotidae。

形态特征：贝壳长 90 mm，坚硬，螺旋部小，体螺层极大，壳面的左侧有 20 余个突起，前面 7～9 个有开口，其余皆闭塞。壳口大。壳表面绿褐色，生长纹细密。壳内面银白色，具珍珠光泽。足发达。

生态习性与经济意义：生活在近岸至十几米深的岩礁海域，主要以褐藻为食。是我国南方海域重要的经济养殖贝类。贝壳可入药，即中药"石决明"。

图 4-2

3. 皱纹盘鲍 *Haliotis discus hannai*（Ino，1952）

分类地位：腹足纲 Gastropoda，原始腹足目 Archaeogastropoda，鲍科 Haliotidae。

形态特征：贝壳椭圆形，较坚厚。向右旋。螺层 3 层，缝合不深，螺旋部极小。壳顶钝，微突出于贝壳表面，但低于贝壳的最高部分。从第二螺层的中部开始至体螺层的

图 4-3

边缘，有一排以 20 个左右凸起和小孔组成的旋转螺肋，其末端的 4~5 个特别大，有开口，呈管状。壳口卵圆形，与体螺层大小相等。壳表面深绿色，生长纹明显。壳内面银白色。

生态习性：昼伏夜出。栖息于水质清澈、潮流畅通，海水盐度保持在 3‰ 以上的岩礁底质海域。

4. 鼠眼孔蝛 *Diodora mus* （Reeve，1850）

分类地位：腹足纲 Gastropoda，原始腹足目 Archaeogastropoda，孔钥蝛科 Fissurellidae。

形态特征：贝壳长 21 mm，宽 13 mm，卵圆形，笠状，白色，壳顶在壳长约三分之一处，壳顶有开孔，轮肋与开孔轮廓平行，放射肋明显。壳内面灰白色，边缘有细齿。

生态习性：栖息于低潮线下深约 10 米的海底。沙滩上常见空壳。

图 4-4

5. 中华楯蝛 *Scutus sinensis* （Blainville，1825）

分类地位：腹足纲 Gastropoda，原始腹足目 Archaeogastropoda，孔钥蝛科 Fissurellidae。

形态特征：贝壳长 38 mm，宽 19 mm，圆角矩形，较扁平。壳表面灰白色或灰黄色，边缘有几条明显的轮肋，前缘中线部略凹陷。壳内面白色，有光泽。生活时外套膜伸展包被贝壳，仅露壳顶。

生态习性：附着生活在潮间带岩礁间。

图 4-5

6. 斗嫁蝛 *Cellana grata* （Gould，1859）

分类地位：腹足纲 Gastropoda，原始腹足目 Archaeogastropoda，帽贝科 Patellidae。

形态特征：贝壳长 43 mm，宽 34 mm，椭圆形，笠状，壳顶稍尖或被磨损。壳表面灰白，棕色放射状条纹与放射肋相间排列，放射肋不连续。壳内侧可见粗细相间的棕色条纹。

生态习性：附着生活在高潮线附近的岩石上。

图 4-6

7. 史氏背尖贝 Notoacmea schrencki（Lischke, 1868）

分类地位： 腹足纲 Gastropoda，原始腹足目 Archaeogastropoda，笠贝科 Acmaeidae。

形态特征： 贝壳椭圆形，笠状，壳顶稍尖或被磨损。壳表面密布有深色与浅色相间的放射状条纹，放射肋细密。肋上有粒状结节。壳内面青灰色，周缘呈棕色并有褐色放射色带。

生态习性： 附着生活在高潮带岩石上。

图 4-7

8. 塔形马蹄螺 Trochus pyramis（Borns, 1780）

分类地位： 腹足纲 Gastropoda，原始腹足目 Archaeogastropoda，马蹄螺科 Trochidae。

形态特征： 壳长 65 mm，呈圆锥形，螺旋部高，壳顶尖。壳灰白色，角状突起较整齐地排布在壳面。螺肋由粒状突起组成。壳底平，可见生长线。内唇扭曲，可见齿数枚。外唇薄且平滑。

生态习性与经济意义： 栖息于浅水区、潮间带以及珊瑚礁海底。壳可制成装饰品。

图 4-8

9. 斑马蹄螺 Trochus maculatus（Linnaeus, 1758）

分类地位： 腹足纲 Gastropoda，原始腹足目 Archaeogastropoda，马蹄螺科 Trochidae。

形态特征： 壳长 50 mm，呈圆锥形。螺旋部高，壳顶尖。壳白色，螺旋部表面有紫红色斑纹和粒状突起。螺肋由粒状突起组成。壳底可见由粒状突起排列而成的放射肋，其间有深红色斑纹。内外唇白色，均可见齿。脐孔宽而深，漏斗状。

生态习性与经济价值： 附着生活在低潮线至浅海岩石间或珊瑚礁质海底。壳可作装饰品。

图 4-9

10. 单齿螺 *Monodonta labio* (Linnaeus, 1758)

分类地位：腹足纲 Gastropoda，原始腹足目 Archaeogastropoda，马蹄螺科 Trochidae。

形态特征：贝壳长 25 mm，梨形，螺肋清晰，排布有深褐色与浅棕黄色相间的方形斑纹。壳口水滴形，开口朝向侧面。外唇齿清晰，内唇有一较突起的齿。

生态习性与经济意义：附着生活在潮间带岩礁间。深圳大亚湾常见。俗称"石缝螺"。可食。

图 4-10

11. 银口凹螺 *Chlorostoma argyrostoma* (Gmelin, 1791)

分类地位：腹足纲 Gastropoda，原始腹足目 Archaeogastropoda，马蹄螺科 Trochidae。

形态特征：贝壳长 38 mm，近圆锥形。螺层6层，顶部3螺层小，向下螺层骤然增大。纵肋呈波状，略倾斜。壳表面黑灰色。壳开口于圆锥底面，外唇薄、平滑。内唇有绿褐色云纹。脐孔不显。

生态习性与经济意义：附着栖息于潮间带与潮下带。深圳大亚湾常见。可食。壳可入药。

图 4-11

12. 黑凹螺 *Chlorostoma nigerrima* (Gmelin, 1791)

分类地位：腹足纲 Gastropoda，原始腹足目 Archaeogastropoda，马蹄螺科 Trochidae。

形态特征：贝壳长 24 mm，近圆锥形，纵肋呈波状，略倾斜。壳表面黑色。壳开口于圆锥底面，外唇薄，可见线状的齿。内唇稍银白色，可见齿。脐部灰白色，脐孔圆而深。

生态习性与经济意义：附着栖息于潮间带与潮下带。大亚湾常见。可食。壳可入药。

图 4-12

13. 锈凹螺 *Chlorostoma rustica* (Gmelin, 1791)

分类地位：腹足纲 Gastropoda，原始腹足目 Archaeogastropoda，马蹄螺科 Trochidae。

形态特征：壳长 25 mm，近圆锥形，壳面黑褐色，具铁锈色斑点，放射肋粗向左斜行，生长线细密。壳口马蹄形，开口于圆锥底面。外唇薄、平滑。外唇缘有褐色与黄色相间的镶边。内唇白色。脐部灰白色，大而深。

图 4 - 13

生态习性与经济意义：附着栖息于潮间带与潮下带。常见于河北省大西湾。以手工采集为主，壳可入药。

14. 肋蜑螺 *Umbonium costatum* (Valenciennes, 1873)

分类地位：腹足纲 Gastropoda，原始腹足目 Archaeogastropoda，马蹄螺科 Trochidae。

形态特征：壳长 15 mm，宽 22 mm，扁椭球形。螺旋部矮锥形，螺旋部与体螺层高度相近。螺旋部密布棕色与白色相间的条纹，条纹常呈折线形，生长线深棕色。壳开口于侧面，壳底有暗红色斑块。

图 4 - 14

生态习性与经济意义：附着栖息于潮间带或潮下带泥滩或沙滩上，成群出现，易于采集。可食用，或作为虾类养殖饵料。壳可制装饰品。

15. 海豚螺（镶边海豚螺）*Angaria delphinus* (Linnaeus, 1758)

分类地位：腹足纲 Gastropoda，原始腹足目 Archaeogastropoda，海豚螺科 Angariidae。

形态特征：壳长 45 mm，宽 65 mm。螺旋部低平，螺层肩部接近直角。有角状或管状突起，体螺层部分突起尤为明显，且可见螺肋。壳口圆，内外唇分界不明显，开口于侧面，无明显可见齿。脐部宽大，内凹，脐孔深。

图 4 - 15

生态习性：栖息于潮间带或潮下带岩礁间。壳上常附着海绵动物。

16. 节蝾螺 *Turbo bruneus* (Röding, 1798)

分类地位：腹足纲 Gastropoda，原始腹足目 Archaeogastropoda，蝾螺科 Turbinidae。

形态特征：壳长 50 mm，壳厚结实，灰黄色，布有棕色斑块。螺肋由细密的粒状突起组成，体螺层膨大，呈椭球形。壳开口于侧面，壳口圆，外唇较薄，壳内面有珍珠光泽。脐孔小而深。

图 4-16

生态习性与经济意义：附着栖息于潮间带中、低潮区岩礁间。可食。

17. 角蝾螺 *Turbo cornutus* (Solander, 1786)

分类地位：腹足纲 Gastropoda，原始腹足目 Archaeogastropoda，蝾螺科 Turbinidae。

形态特征：壳大、结实，壳长 85 mm，灰黄色或棕黄色。体螺层膨大，呈椭球形，螺肋明显，有管状或角状突起，肩部螺肋处突起较明显。生长纹呈鳞片状。壳开口于侧面，壳口圆，外唇较薄，内面有珍珠光泽。无脐孔。厣厚，石灰质，灰绿色或灰黄色，布有粒状突起。

图 4-17

生态习性与经济意义：附着栖息于潮间带岩礁间。可食。俗称"石头螺"。

18. 红底星螺 *Astralium haematraga* (Menke, 1829)

分类地位：腹足纲 Gastropoda，原始腹足目 Archaeogastropoda，蝾螺科 Turbinidae。

形态特征：壳圆锥形，形似马蹄螺。壳面灰白色，略带紫红色。纵肋偏斜行，到达缝合线处中断。难以见到生长线、螺肋。壳底向内凹陷，可见几圈由粒状突起排列成的细肋。壳口圆，开口朝下。

图 4-18

生态习性：附着栖息于低潮区至浅海岩礁间。

19. 渔舟蜒螺 *Nerita albicilla* (Linnaeus, 1758)

分类地位：腹足纲 Gastropoda，原始腹足目 Archaeogastropoda，蜒螺科 Neritidae。

形态特征：壳长 23 mm，宽 27 mm，呈卵圆形。体螺层膨大，螺旋部矮小。壳表面有黑白相间的斑纹，生长线较明显。内唇宽大，表面有粒状突起，可见齿数枚。外唇厚，外唇隐约可见 1～2 枚齿。厣表面有粒状突起。

生态习性：附着栖息于潮间带岩礁间。

图 4-19

20. 锦蜒螺 *Nerita polita* (linnaeus, 1758)

分类地位：腹足纲 Gastropoda，原始腹足目 Archaeogastropoda，蜒螺科 Neritidae。

形态特征：壳长 32 mm，宽 38 mm，长卵圆形，为蜒螺中较大者。螺旋部低。壳表面光滑，壳色有变化，常为白、灰黑或灰绿色，有的具红色或其他色彩的螺带。内唇宽而平滑，微倾斜，中央凹陷处有齿 3～4 枚。

生态习性：栖息于潮间带岩礁或珊瑚礁间。

图 4-20

21. 齿纹蜒螺 *Nerita yoldii* (Récluz, 1840)

分类地位：腹足纲 Gastropoda，原始腹足目 Archaeogastropoda，蜒螺科 Neritidae。

形态特征：贝壳长 17 mm，宽 20 mm，卵形。壳面平滑，白或黄白色，有黑色花纹和云状斑。螺肋低平或不明显。壳口内灰绿或黄绿色，外唇内缘有一列齿，内唇中部有 2～3 枚细齿。

生态习性：栖息于潮间带高、中区的岩礁间。

图 4-21

22. 奥莱彩螺 *Clithon oualaniensis*（Lesson，1831）

分类地位：腹足纲 Gastropoda，原始腹足目 Archaeogastropoda，蜑螺科 Neritidae。

形态特征：壳小，卵圆形。壳高28.7 mm，壳宽22.6 mm。螺层约5层。螺旋部矮小。缝合线浅。体螺层几乎占贝壳全部。壳表面光滑，色泽花纹多变，有白、紫、黑、黄、绿、褐等色，花纹有带状、网纹状、星点状等。壳口半圆形，外唇薄，内唇狭，表面光滑，内缘中央凹陷部具细齿4～5枚。

生态习性：热带种，栖息于高潮区，常见于红树林泥滩。

图 4-22

23. 紫游螺 *Neritina violacea*（Gmelin，1791）

分类地位：腹足纲 Gastropoda，原始腹足目 Archaeogastropoda，蜑螺科 Neritidae。

形态特征：壳长15 mm，宽19 mm。壳呈近半圆形。螺旋部卷入体螺层后方，壳面褐色或黄褐色，布有黄或棕色波浪状花纹。壳口半圆形，内唇极度扩张，表面棕红色，光滑，内缘中部稍凹，有多数细齿。厣光滑，青灰色。

生态习性：栖息于红树林或有少量淡水注入的河口附近。

图 4-23

24. 粗糙滨螺 *Littoraria scabra*（Linnaeus，1758）

分类地位：腹足纲 Gastropoda，中腹足目 Mesogastropoda，滨螺科 Littorinidae。

形态特征：壳尖圆锥形。壳高 22 mm，壳宽12 mm。螺层约9层。顶尖小，螺旋部占壳的1/2。缝合线明显，下方具一淡黄色环纹。壳表具细平而明显的螺肋，橙红色杂有橙黄色。壳口卵圆形，内面灰白色，壳轴黄白色。外唇薄，外缘具淡黄色镶边，内缘具淡黄色和橙黄色镶边。该种个体大小、螺纹、花纹颜色有变化。

生态习性：生活在高潮线附近的岩礁上或红树林树枝上。

图 4-24

25. 黑口滨螺 *Littoraria melanostoma*（Gray，1839）

分类地位：腹足纲 Gastropoda，中腹足目 Mesogastropoda，滨螺科 Littorinidae。

形态特征：壳呈尖锥形。螺层约 9 层。顶尖小，螺旋部呈尖圆锥形，体螺层膨大。壳表具较浅而明显的螺肋，淡黄色。壳口卵圆形。外唇薄，内缘具缺刻。内唇紫褐色。

生态习性：生活在高潮线附近的岩礁上或红树林树枝上。

图 4-25

26. 带锥螺 *Turritella fascialis*（Menke，1828）

分类地位：腹足纲 Gastropoda，中腹足目 Mesogastropoda，锥螺科 Turritellidae。

形态特征：壳长锥形，灰黄色，壳顶常磨损。螺层约 18 层，缝合线明显，有 1 条红褐色色带。螺肋细而明显，棕黄色。壳口圆，开口于侧面，外唇薄。

图 4-26

生态习性与经济意义：栖息于泥沙质的海底，幼体螺壳直立，成体螺壳倒伏。常见于河北省大西湾，可食。俗称"钉螺"。

27. 平轴螺 *Planaxis sulcatus*（Born，1780）

分类地位：腹足纲 Gastropoda，中腹足目 Mesogastropoda，平轴螺科 Planaxidae。

形态特征：壳长 21 mm，呈长卵圆形。壳面灰白色，具有排列较整齐的低平螺肋，其上具有褐色或紫褐色的斑块，有的连成放射状的色带。壳口卵圆形。外唇薄，内唇厚，后部有一结节凸起。前沟短，后沟小。

生态习性与经济价值：栖息于高潮区岩礁上。大亚湾常见，可食。

图 4-27

28. 小翼拟蟹手螺 Cerithidea microptera (Kiener, 1873)

分类地位：腹足纲 Gastropoda，中腹足目 Mesogastropoda，汇螺科 Potamididae。

形态特征：壳呈尖锥形。螺层约 16 层，螺旋部高，体螺层稍膨胀，缝合线中间有一细弱的螺肋。壳面呈黄褐色或褐色，螺旋部各螺层有发达的螺肋 3 条和排列整齐的纵走肋，两肋交织成结节。壳口略呈菱形，外唇扩张呈翼状，内唇稍扭曲。前沟明显。

生态习性：生活在潮间带高、中潮区有淡水注入的泥沙滩。

图 4-28

29. 沟纹笋光螺 Terebralia sulcata (Barn, 1778)

分类地位：腹足纲 Gastropoda，中腹足目 Mesogastropoda，汇螺科 Potamididae。

形态特征：壳呈长圆锥形，厚重而结实。螺层约 10 层，壳面青灰色，有红棕色色带，具细螺沟和粗纵肋，二者交织常呈格子状。壳口半圆形，内面红褐色，外唇肥厚，前端弯曲向腹面左侧延伸，遮盖前沟，仅留一圆孔。

生态习性：栖息于潮间带红树林的泥沙滩。

图 4-29

30. 纵带滩栖螺 Batillaria zonalis (Bruguière, 1792)

分类地位：腹足纲 Gastropoda，中腹足目 Mesogastropoda，汇螺科 Potamididae。

形态特征：壳尖锥形，结实。壳高 29.0 mm，壳宽 29.0 mm。螺层约 12 层。螺旋部高。缝合线明显。各螺层具较粗的波状纵肋和细螺肋，体螺层微向腹方弯曲，壳灰黄色或黑褐色。缝合线上方具一环灰白色色带。壳口卵圆形，内有褐色条纹。前沟窦状，后沟为缺刻。

生态习性：栖息于高、中潮带泥沙滩。

图 4-30

31. 疣滩栖螺 *Batillaria borbii* (Sowerby, 1855)

分类地位：腹足纲 Gastropoda，中腹足目 Mesogastropoda，滩栖螺科 Batillariidae。

形态特征：壳长 35 mm，圆锥形，灰色，壳顶尖。缝合线不明显，螺肋由松散排列的褐色疣状突起组成。生长线较明显。壳开口于侧面，外唇具细齿，有黑色镶边。前沟深，后沟较浅。

生态习性：栖息于潮间带沙滩或岩礁间。

图 4-31

32. 中华锉棒螺 *Rhinoclavis sinense* (Gmelin, 1791)

分类地位：腹足纲 Gastropoda，中腹足目 Mesogastropoda，蟹守螺科 Cerithiidae。

形态特征：壳长 45 mm，尖锥形，壳面黄褐色，布有棕色条带与棕色斑点。有珠粒状螺肋，缝合线下方有 1 条发达螺肋，其上有小结节突起。各螺层不同方向常出现纵肿肋。壳口白色，前沟突出，向背方弯曲，后沟明显。

生态习性与经济意义：栖息于潮间带沙滩。壳可制成手工工艺品。

图 4-32

33. 笠帆螺 *Calyptraea morbida* (Reeve, 1859)

分类地位：腹足纲 Gastropoda，中腹足目 Mesogastropoda，帆螺科 Calyptraeidae。

形态特征：壳笠状，未发生扭曲。壳顶位于近中央，壳面光滑，黄白色或淡棕色，隐约可见浅棕色斜行条纹。生长线可见。壳背面可见一隔片。内面隔片较小，形如牛角形管状物。

生态习性：附着生活在低潮线附近的岩石或其他贝壳上。

图 4-33

34. 带凤螺 *Strombus vittatus vittatus* (Linnaeus, 1758)

分类地位：腹足纲 Gastroroda，中腹足目 Mesogastropoda，凤螺科 Strombidae。

形态特征：壳长可达 100 mm，呈长纺锤形。螺层约 12 层，缝合线浅，螺旋部与体螺层高度近相等。壳黄白色，螺层上方具一宽的螺带，螺带下有一白色色带。壳面具整齐的纵肋。壳口狭长，内白色。外唇扩张呈翼状。

图 4 - 34

生态习性：栖息于热带和亚热带海区 10～60 米水深的沙或沙泥质海底。以藻类和有机碎屑为食。足部窄，强壮，行动敏捷，可向前跳动 10 厘米远。

35. 水晶凤螺 *Strombus canarium* (Linnaeus, 1758)

分类地位：腹足纲 Gastropoda，中腹足目 Mesogastropoda，凤螺科 Strombidae。

形态特征：壳长 70 mm，近三角卵圆形，瓷白色，可见橘黄色斑块。螺层约 9 层，螺旋部螺层肩部近直角，缝合线明显。体螺层膨大，倒圆锥形，下部可见数条肋。外唇厚，翼状，突出于壳口。

生态习性与经济意义：附着栖息于有藻类丛生的低潮线浅海泥沙底。壳可作装饰品。

图 4 - 35

36. 篱凤螺 *Strombus luhuanus* (Linnaeus, 1758)

分类地位：腹足纲 Gastropoda，中腹足目 Mesogastropoda，凤螺科 Strombidae。

形态特征：壳长 60～70 m，覆盖黄褐色和白色斑块。螺层约 9 层，螺旋部较矮，越接近上部的螺层肩越钝，缝合线内陷。体螺层膨大，倒圆锥形。外唇突出，卷瓣状，下部有一圆形缺刻，内面棕红色。内唇黑褐色。

生态习性与经济意义：栖息于潮间带至深海海底。壳可作为装饰品。

图 4 - 36

37. 强缘凤螺 *Strombus marginatus robustus* (Sowerby, 1874)

分类地位：腹足纲 Gastropoda，中腹足目 Mesogastropoda，凤螺科 Strombidae。

形态特征：壳长 48 mm，纺锤形，瓷白色，布有橘黄色条带。螺层约 9 层，螺旋部较矮，可见纵肋，缝合线内陷。体螺层膨大，上部有纵肋，下部可见斜行的螺肋。开口大，后沟位于螺旋部下部。外唇突出，翼状，内面瓷白色，光滑。内唇向外翻，贴近体螺层。

生态习性与经济意义：栖息于浅海泥沙质海底。壳可作装饰品。

图 4-37

38. 铁斑凤螺 *Strombus urceus* (Linnaeus, 1758)

分类地位：腹足纲 Gastropoda，中腹足目 Mesogastropoda，凤螺科 Strombidae。

形态特征：壳长 58 mm，呈纺锤形，瓷白色，可见黄色斑块。螺层约 8 层，螺旋部肩部布满结节状突起。体螺层膨大，肩部近直角。壳口狭长，周缘呈褐色、黑色或灰白色，通常有一黑色镶边。

生态习性与经济意义：栖息于浅海的沙质海底。壳可作装饰品。

图 4-38

39. 卵黄宝贝 *Cypraea vitellus* (Linnaeus, 1758)

分类地位：腹足纲 Gastropoda，中腹足目 Mesogastropoda，宝贝科 Cypraeidae。

形态特征：壳长 60 mm，卵圆形，体螺层占贝壳绝大部分，表面光滑，背面黄色至棕黄色，布有大小不等的乳白色圆斑，两端为瓷白色。壳口狭长，两唇厚，瓷白色。外唇齿约 28 枚，内唇齿约 24 枚。

图 4-39

生态习性与经济意义：附着生活在低潮区至浅海的岩礁间。壳可作装饰品。

40. 蛇首眼球贝 *Erosaria caputserpentis* (Linnaeus, 1758)

分类地位：腹足纲 Gastropoda，中腹足目 Mesogastropoda，宝贝科 Cypraeidae。

形态特征：壳长 25 mm，卵圆形，螺旋部不明显，体螺层占贝壳绝大部分，表面光滑，背部棕红色，中部有密集的白色圆点，两端各有一白色斑点。壳口狭长，两唇厚，由棕红色渐变为白色，外唇齿约 16 枚，内唇齿约 14 枚。前、后沟明显。

生态习性与经济意义：附着生活在低潮区至水深 20 米的浅海岩礁间。壳可作装饰品。

图 4-40

41. 眼球贝 *Erosaria erosa* (Linnaeus, 1758)

分类地位：腹足纲 Gastropoda，中腹足目 Mesogastropoda，宝贝科 Cypraeidae。

形态特征：壳长 45 mm，长椭圆形，体螺层占贝壳绝大部分，表面光滑，背部灰绿色，密布白色圆点，散在分布一些棕色斑点。壳口狭长，两唇厚，外唇齿约 18 枚，内唇齿约 15 枚。内唇中部可见一浅紫色方形斑块。前、后沟略向外翻。

生态习性与经济意义：附着生活在低潮区的岩礁间，退潮后常隐居在石块下或缝隙间。壳可作装饰品。

图 4-41

42. 枣红眼球贝 *Erosaria helvola* (Linnaeus, 1758)

分类地位：腹足纲 Gastropoda，中腹足目 Mesogastropoda，宝贝科 Cypraeidae。

形态特征：壳长 25 mm，卵圆形，体螺层占贝壳绝大部分，表面光滑，背部棕红色，密布白色圆点。壳口狭长，两唇厚，外唇齿约 17 枚，内唇齿约 13 枚。前、后沟明显。

生态习性与经济意义：附着生活在低潮区至水深 20 米的浅海，常隐居在礁石下或缝隙间。壳可作装饰品。

图 4-42

43. 环纹货贝 *Monetaria annulus*（Linnaeus，1758）

分类地位：腹足纲 Gastropoda，中腹足目 Mesogastropoda，宝贝科 Cypraeidae。

形态特征：壳长 26 mm，呈低平的卵圆形，体螺层占贝壳绝大部分，表面光滑，瓷白色，背部有一橘红色环状线纹。壳口狭长，两唇厚，内、外唇齿均为 12 枚左右。前、后沟明显。

生态习性与经济意义：附着生活在中、低潮区的浅洼内或岩礁间。壳可作装饰品。在古代曾作为货币使用。

图 4-43

44. 拟枣贝 *Erronea errones*（Linnaeus，1758）

分类地位：腹足纲 Gastropoda，中腹足目 Mesogastropoda，宝贝科 Cypraeidae。

形态特征：壳长 30 mm，近圆筒形，体螺层占贝壳绝大部分，表面光滑，背部灰色，密布黄褐色斑点。壳口狭长，两唇厚，瓷白色，外唇齿约 15 枚，内唇齿约 14 枚。

生态习性与经济意义：附着生活在中、低潮区的岩礁间。壳可作装饰品。

图 4-44

45. 棕带焦掌贝 *Palmadusta asellus*（Linnaeus，1758）

分类地位：腹足纲 Gastropoda，中腹足目 Mesogastropoda，宝贝科 Cypraeidae。

形态特征：壳长 20 mm，半椭球形，体螺层占贝壳绝大部分，表面略粗糙，背部乳白色，有 3 条横行的棕色斑带。壳口狭长，两唇厚，瓷白色，外唇齿约 16 枚，内唇齿约 15 枚，齿较细。

生态习性与经济意义：附着生活在中、低潮区的岩礁间。壳可作装饰品。

图 4-45

46. 阿文绶贝 *Mauritia arabica asiatica*（Schilder et Schilder, 1939）

分类地位：腹足纲 Gastropoda，中腹足目 Mesogastropoda，宝贝科 Cypraeidae。

形态特征：壳长 70 mm，呈长卵圆形，体螺层占贝壳绝大部分，表面光滑，背部灰色，近中部有一纵行带将棕色细小云纹团分割成两部分。壳口狭长，两唇厚，灰色，边缘有棕色斑点。内外唇齿均 30 枚左右。

生态习性与经济意义：附着生活在热带和亚热带低潮区的珊瑚礁和岩礁间。大亚湾常见。壳可作装饰品。

图 4-46

47. 玫瑰履螺（玫瑰原梭螺）*Sandalia rhodia*（A. Adams, 1854）

分类地位：腹足纲 Gastropoda，中腹足目 Mesogastropoda，梭螺科 Ovulidae。

形态特征：壳纺锤形，表面光滑，浅红色至玫瑰色。螺旋部不明显，体螺层膨大。壳口狭长，外唇卷瓣状，较厚实，约 26 枚齿。内唇上部有一结节状突起。前沟半管状，后沟角状。

生态习性与经济意义：附着生活在潮间带至浅海的泥沙质海底，或附着在柳珊瑚枝杈上。壳可作小型装饰品。

图 4-47

48. 白带骗梭螺（双喙梭螺）*Phenacovolva dancei*（Cate, 1973）

分类地位：腹足纲 Gastropoda，中腹足目 Mesogastropoda，梭螺科 Ovulidae。

形态特征：壳长 26 mm，纺锤形，表面光滑，浅红色至红褐色，中部有一白色横行条带。体螺层膨大。壳口狭长，外唇卷瓣状，较薄，无明显可见的齿。内唇光滑，浅红色，亦可见白色条带。

生态习性与经济意义：附着生活在潮间带至浅海的泥沙质海底。壳可作小型装饰品。

图 4-48

49. 扁玉螺 *Neverita didyma* (Röding, 1798)

分类地位：腹足纲 Gastropoda，中腹足目 Mesogastropoda，玉螺科 Naticidae。

形态特征：壳扁椭球形，螺旋部低矮，体螺层膨大，占螺壳绝大部分。壳表面灰黄色，靠近缝合线的部位有1圈彩色条带，由紫色渐变为黄色再渐变为白色。螺肋、纵肋均细密，偏斜行。壳口水滴形，外唇薄，内唇有棕色结节状突起，无明显可见的齿。脐孔大而深。

图 4-49

生态习性与经济意义：栖息于潮间带至浅海水 50 m 水深的沙或泥沙质海底。肉食性，捕食其他贝类。壳可加工为工艺品。

50. 乳玉螺 *Polinices mammata* (Röding, 1798)

分类地位：腹足纲 Gastropoda，中腹足目 Mesogastropoda，玉螺科 Naticidae。

形态特征：壳长 35 mm，长卵圆形，螺旋部低矮，体螺层膨大。壳表面瓷白色，生长纹明显，有与缝合线平行的棕色条带。外唇薄，半圆形。内唇棕色，稍向外翻卷。脐孔小。

图 4-50

生态习性与经济意义：栖息于潮间带至浅海 10～80 米水深的泥沙质海底。

51. 斑玉螺 *Natica tigrina* (Röding, 1798)

分类地位：腹足纲 Gastropoda，中腹足目 Mesogastropoda，玉螺科 Naticidae。

形态特征：壳长 30 mm，呈椭球形，螺旋部较矮，体螺层膨大，壳表面粗糙，布满棕红色斑纹。外唇薄，半圆形。内唇直，中部有一结节。脐孔大而深。厣的外缘有 2 条明显的凹沟。

图 4-51

生态习性与经济意义：栖息于潮间带至 30 米水深的浅海泥沙质海底。肉食性，喜以双壳类为食。

52. 双沟鬘螺 *Phalium bisulcatum* (Schubert et Wegner, 1829)

分类地位：腹足纲 Gastropoda，中腹足目 Mesogastropoda，冠螺科 Cassididae。

形态特征：壳长 55 mm，近纺锤形，瓷白色，有数圈整齐排列的浅棕色方斑。螺旋部较矮，圆锥形，螺层约6层，缝合线明显。体螺层椭球形。具明显的生长线，螺肋细。外唇厚，较突出，向外翻转，与体螺层形成一道沟，外唇齿约18枚。内唇边缘由体螺层中部发出，有褶襞。前沟较扭曲。

图 4 - 52

生态习性与经济意义：栖息于浅海或较深的沙、泥沙或软泥质海底。

53. 网纹扭螺 *Distorsio reticulata* (Röding, 1798)

分类地位：腹足纲 Gastropoda，中腹足目 Mesogastropoda，扭螺科 Personidae。

形态特征：壳长 55 mm，两端尖，略呈菱形，瓷白色，表面覆盖有棕色壳皮。螺旋部螺层高度不均匀，呈摇摆姿态，但中轴较直。螺层表面螺肋与纵肋交织成网格状，有纵肿肋。内外唇扩张，形成一倒"由"字形楯面。外唇齿约10枚，内唇上部有两枚粗壮的齿，下部有一纵肋状突起，其上排布有细尖齿。前沟直且深。

图 4 - 53

生态习性：栖息于潮下带水深10～100米泥沙质及软泥海底。

54. 粒蝌蚪螺（粒神螺）*Gyrineum natator* (Röding, 1798)

分类地位：腹足纲 Gastropoda，中腹足目 Mesogastropoda，嵌线螺科 Cymatiidae。

形态特征：壳长 40 mm，呈三角形，壳面黄褐色或灰色。螺肋与纵肋交织形成排列整齐的褐色粒状凸起，覆盖全壳表面。每一螺层有相对的两条纵肿肋，螺肋延伸其上，形成白色环状条带。壳口圆，外唇厚，内面瓷白色，可见肋状齿。内唇有褶襞。前沟管状。

图 4 - 54

生态习性：附着生活在潮间带及浅海岩礁间。

55. 圆肋嵌线螺（环沟嵌线螺）*Cymatium cutaceum*（Lamarck，1816）

分类地位：腹足纲 Gastropoda，中腹足目 Mesogastropoda，嵌线螺科 Cymatiidae

形态特征：壳长 85 mm，近纺锤形，体螺层膨圆，螺旋部较低矮。壳面黄褐色，外被绒毛状壳皮。壳面螺肋粗细间隔，肋间沟清晰。隐约可见纵肋。螺层中部有肩角，上面有小结节突起。壳口大，近菱形。外唇厚，可见肋状齿。内唇向外翻转，贴近体螺层。前沟稍向外弯曲。

生态习性与经济意义：栖息于潮下带浅海泥沙质海底。壳可入药。

图 4-55

56. 毛嵌线螺 *Cymatium pileare*（Linnaeus，1758）

分类地位：腹足纲 Gastropoda，中腹足目 Mesogastropoda，嵌线螺科 Cymatiidae。

形态特征：壳长 80 mm，近纺锤形，壳面黄褐色，密布棕色壳皮与壳毛。螺肋细，与纵肋交织成网格状，体螺层有一发达的纵肿肋。外唇厚，内面橘红色，有肋状齿约 16 枚，齿两两成对。内唇弯曲，贴近体螺层，有肋状齿。前沟较深。

生态习性与经济意义：为亚热带及热带种，栖息于潮间带至浅海岩礁间，捕食双壳类生物，为贝壳养殖有害生物之一。壳可入药。

图 4-56

57. 习见赤蛙螺（习见蛙螺）*Bufonaria rana*（Linnaeus，1758）

分类地位：腹足纲 Gastropoda，中腹足目 Mesogastropoda，蛙螺科 Bursidae。

形态特征：壳长 80 mm，呈菱形。壳表面棕红色，有白色斑块。螺肋由细小的粒状凸起排列组成，每一层肩部的粒状凸起较为粗壮，两凸起间的间隔也较大。每一层有 1 对相对的纵肿肋，螺肋延伸至其上，具数个角状突起。壳口大，外唇厚，边缘有 1 条纵肿肋经过，可见肋状齿。内唇有褶襞及粒状凸起。前沟比后沟稍长。

生态习性与经济意义：栖息于潮间带浅海泥沙质海底，肉食性。俗称"响螺"，南澳水产市场常有销售，肉可食用。

图 4-57

58. 沟鹑螺 *Tonna sulcosa* (Linnaeus, 1758)

分类地位：腹足纲 Gastropoda，中腹足目 Mesogastropoda，鹑螺科 Tonnidae

形态特征：壳长 125 mm，近球形，表面浅黄色，有与螺肋平行的棕色斑带。体螺层膨大，螺旋部矮，缝合线凹陷。螺肋细带状，相邻螺肋间形成沟。隐约可见纵肋。纵肿肋较薄。壳口大，外唇向外极度翻转，与体螺层形成沟，内面可见肋状齿。内唇较扭曲。前沟较短。

图 4-58

生态习性与经济意义：栖息于潮下带水深 10～60 米泥沙和沙质海底。市场常有销售，肉可食用。

59. 浅缝骨螺 *Murex trapa* (Röding, 1798)

分类地位：腹足纲 Gastropoda，新腹足目 Neogastropoda，骨螺科 Muricidae。

形态特征：壳长 90 mm，近纺锤形，表面浅黄色至浅灰色，缝合线较明显。螺肋与纵肋交织形成结节状突起，螺肋间可见细肋与生长线。各螺层有 3 条纵肿肋，其上有管状棘，棘有细缝状开口。壳口椭圆形，外唇边缘有 1 纵肿肋经过，其上有 1 最强壮的棘，内面可见肋状齿。内唇较光滑。前沟长管状，长度与螺层相近，其上有棘。

生态习性与经济意义：栖息于浅海 40～50 米泥沙质海底。为近海底拖网习见种。

图 4-59

60. 亚洲棘螺 *Chicoreus asianus* (Kuroda, 1942)

分类地位：腹足纲 Gastropoda，新腹足目 Neogastropoda，骨螺科 Muricidae。

形态特征：壳长 80 mm，近纺锤形，表面灰色至棕红色，体螺层近球形，缝合线明显。粗、细螺肋相间排列，较粗的螺肋延伸至纵肿肋处，向外扩展成管状棘，体螺层棘粗壮，肩部、外唇上部的棘尤为粗壮，甚至可见分枝。每层螺层有 3 条纵肿肋。壳口近圆形，外唇边缘有 1 条纵肿肋经过，内面有肋状齿。内唇向外翻，贴近体螺层。前沟深，稍突出。

图 4-60

生态习性与经济意义：栖息于低潮线附近至浅海泥沙质海底。俗称"鸡公螺"，肉可食用。壳可加工成工艺品。

61. 疣荔枝螺 Thais clavigera (Küster, 1860)

分类地位：腹足纲 Gastropoda，新腹足目 Neogastropoda，骨螺科 Muricidae。

形态特征：壳卵圆形，表面灰褐色或青褐色，生长线较明显，螺肋由松散排布的褐色疣状突起组成。缝合线不明显。壳口半圆形，外唇缘有褐色斑块，且有 3 个较突出的齿。内唇较光滑。前沟短，缺刻状。

图 4 - 61

生态习性与经济意义：附着栖息于潮间带岩礁间。俗称"辣螺"，肉可食用，退潮后海滩上较常见。壳可入药。

62. 黄口荔枝螺 Thais luteostoma (Holten, 1803)

分类地位：腹足纲 Gastropoda，新腹足目 Neogastropoda，骨螺科 Muricidae。

形态特征：壳长 45 mm，纺锤状，表面浅黄色，生长线与纵肋细密，交织成网。螺肋由松散排布的褐色疣状突起组成。缝合线不明显。壳口半圆形，外唇较薄，内面边缘有细齿，深黄色。内唇光滑，内面深黄色。前沟较短，后沟缺刻状。

图 4 - 62

生态习性与经济意义：附着栖息于潮间带岩礁间及石块下，肉食性。俗称"苦螺"，肉可食用。

63. 刺荔枝螺 Mancinella echinata (Blainville, 1832)

分类地位：腹足纲 Gastropoda，新腹足目 Neogastropoda，骨螺科 Muricidae。

形态特征：壳长 45 mm，长卵圆形，表面浅黄色或白色，生长线与纵肋细密，交织成网。螺肋由角状突起组成，体螺层底部螺肋倾斜。缝合线不明显。壳口半圆形，两唇内面光滑瓷白色。前沟短而深。角质厣，红褐色。

图 4 - 63

生态习性：栖息于潮间带中、下区的岩礁间或珊瑚礁间。

64. 方斑东风螺 Babylonia areolata（Link，1807）

分类地位：腹足纲 Gastropoda，新腹足目 Neogastropoda，蛾螺科 Buccinidae。

形态特征：壳长卵圆形，缝合线略凹陷，螺层表面白色，光滑，有带状排列的近方形褐色斑块。壳口椭圆形，外唇薄，内面光滑。内唇上部有一线状齿。前沟宽短，后沟缺刻状。脐较深。

图 4-64

生态习性与经济意义：栖息于近岸浅海 10～60 米的细沙或泥沙质海底。肉食性。俗称"花螺"。肉鲜美。海产市场常见。有人工养殖。

65. 泥东风螺 Babylonia lutosa（Lamarck，1822）

分类地位：腹足纲 Gastropoda，新腹足目 Neogastropoda，蛾螺科 Buccinidae。

形态特征：外形与方斑东风螺近似。壳面光滑，被有一层厚的黄褐色壳皮，其下有模糊不清的淡红褐色斑块。壳口椭圆形，外唇薄，内面光滑。前沟短，呈"U"型缺刻，后沟缺刻状。脐孔明显，不深。

图 4-65

生态习性与经济意义：栖息于潮下带近岸浅海 10～60 米的细沙或泥沙质海底。肉食性。肉鲜美。常与方斑东风螺同售。

66. 亮螺 Phos senticosus（Linnaeus，1758）

分类地位：腹足纲 Gastropoda，新腹足目 Neogastropoda，蛾螺科 Buccinidae。

形态特征：壳长 38 mm，呈纺锤形，瓷白色，有浅褐色纵行条带，缝合线明显。纵肋发达，螺肋细，经过纵肋的部位发展成角状突起。外唇厚，内有数条肋状齿，内唇略向外弯曲。前沟宽短。

图 4-66

生态习性与经济意义：栖息于潮间带低潮区至浅海或泥沙质海底。肉可食用，壳可加工成装饰品。

67. 甲虫螺 *Cantharus cecillei* (Philippi, 1844)

分类地位：腹足纲 Gastropoda，新腹足目 Neogastropoda，蛾螺科 Buccinidae。

形态特征：壳长 36 mm，纺锤形，黄褐色，质厚，纵肋十分发达，使缝合线呈波纹状。螺肋细，其间可见细密的生长线。壳口卵圆形，外唇厚，内缘具齿列。前沟短，半管状。

生态习性与经济意义：栖息于潮间带岩礁间。肉可食用。

图 4-67

68. 橡子织纹螺 *Nassarius glans* (Linnaeus, 1758)

分类地位：腹足纲 Gastropoda，新腹足目 Neogastropoda，织纹螺科 Nassariidae。

形态特征：壳纺锤形，表面有横行的棕色细小条纹，并布满棕红色与白色相间的纵行云纹。缝合线处凹陷形成沟。体螺层与次体螺层表面较光滑，有纵行的褶襞，其他螺层表面有纵肋。壳口较圆，内外唇靠近后沟处均有 1 枚齿，内面均光滑。外唇下部有角状至刺状突起，内唇稍突出，内面光滑。前沟宽且短，后沟小。

生态习性与经济意义：栖息于低潮区至 10 米水深浅海沙质海底。

图 4-68

69. 西格织纹螺 *Nassarius siquinjorensis* (A. Adams, 1852)

分类地位：腹足纲 Gastropoda，新腹足目 Neogastropoda，织纹螺科 Nassariidae。

形态特征：壳长 28 mm，呈卵圆形，瓷白色，表面有横行的棕黄色条纹。缝合线处凹陷形成沟。纵肋与螺肋、生长线交织成细密的网格。外唇厚，内面边缘可见与壳表面对应的棕黄色条纹，有数条肋状齿。内唇弧形，两端各有 1 齿。前后沟宽短，后沟小。

生态习性：栖息于数米至数十米深的沙或泥沙质海底。

图 4-69

70. 胆形织纹螺 *Nassarius pullus*（Linnaeus，1758）

分类地位：腹足纲 Gastropoda，新腹足目 Neogastropoda，织纹螺科 Nassariidae。

形态特征：壳长 21 mm，呈近球形，壳顶尖，表面灰白色，可见棕色横行斑带，缝合线明显。纵肋发达，各螺层之间不连续，细小的螺肋和生长线与纵肋交织成网格状。两唇瓷白色，向外扩张，形成一较平整的楯面，两唇均可见齿。前沟较深，后沟短小。

生态习性：栖息于 20～80 米深的沙质海底。

图 4-70

71. 四角细带螺 *Pleuroploca trapezium*（Linnaeus，1758）

分类地位：腹足纲 Gastropoda，新腹足目 Neogastropoda，细带螺科 Fasciolariidae。

形态特征：壳长 120 mm，呈长纺锤形，表面较光滑，布有紫褐色线状环纹，外被黄褐色壳皮。各螺层肩部有强大的角状突起，突起在体螺层有 6～8 个。壳口卵圆形。外唇较薄，内面光滑，有紫色条纹。内唇光滑，瓷白色，可见褶襞。前沟延长呈管状，后沟小。

生态习性与经济意义：栖息于低潮线至浅海的珊瑚礁间。壳可加工制成装饰品。

图 4-71

72. 彩榧螺 *Oliva ispidula*（Linnaeus，1758）

分类地位：腹足纲 Gastropoda，新腹足目 Neogastropoda，榧螺科 Olividae。

形态特征：壳长 37 mm，呈长卵圆形，表面光滑，灰色，可见零星分布的黑色斑点和片状斑纹。螺旋部低矮，圆锥形，缝合线明显。体螺层子弹型。壳口狭长，外唇卷瓣状，内面瓷白色，光滑。内唇瓷白色，底部向体螺层扩张，有肋状齿。

生态习性与经济意义：暖水种，栖息于低潮线至浅海沙质海底。壳可作装饰品。

图 4-72

73. 沟纹笔螺 *Mitra proscissa*（Reeve，1844）

分类地位：腹足纲 Gastropoda，新腹足目 Neogastropoda，笔螺科 Mitridae。

形态特征：壳较小，橄榄形，表面棕黄色至棕色。螺肋发达，相邻螺肋之间形成沟，缝合线较明显。壳口狭长，外唇有齿，顶端大约位于螺壳的 1/2 处。内唇有褶襞。

生态习性：栖息于潮间带至浅海的岩礁间。

图 4-73

74. 疣缟芋螺 *Conus lividus*（Hwass，1792）

分类地位：腹足纲 Gastropoda，新腹足目 Neogastropoda，芋螺科 Conidae。

形态特征：壳长 45 mm。螺层约 6 层。体螺层倒长圆锥形，灰色至浅黄色，中部有一白色横行条带，肩部有 1 轮较扁的疣状突起。壳口狭长，内紫色。外唇瓣状，内面光滑。内唇直。

生态习性与经济意义：栖息于低潮线附近至浅海的岩礁或珊瑚礁间。肉食性，可分泌毒素。壳可作装饰品。

图 4-74

75. 玛瑙芋螺 *Conus monachus*（Gmelin，1791）

分类地位：腹足纲 Gastropoda，新腹足目 Neogastropoda，芋螺科 Conidae。

形态特征：壳长 50 mm，纺锤形，白色与褐色云纹相间，且布满褐色斑点或短线状斑纹。螺旋部矮圆锥形，缝合线处稍凹陷，各螺层排列工整。体螺层倒水滴形，表面光滑，底部可见数条斜行螺肋。壳口狭长，外唇瓣状，内面瓷白色。内唇斜直。前沟短。

生态习性与经济意义：栖息于浅海区岩礁间，肉食性，可分泌毒素。壳可作装饰品。

图 4-75

76. 线纹芋螺 *Conus striatus*（Linnaeus，1758）

分类地位：腹足纲 Gastropoda，新腹足目 Neogastropoda，芋螺科 Conidae。

形态特征：壳近圆筒形，长 90 mm，表面光滑。螺旋部矮圆锥形，缝合线稍凹陷，表面褐色与白色斑纹相间排布，各螺层排列工整。体螺层可见纵行的浅沟，浅沟将深褐色斑纹分隔成各个部分。褐色斑纹均由横行的细小短线构成。壳口狭长，下部稍宽，外唇瓣状，内面瓷白色或淡粉色。前沟宽短。

生态习性与经济意义：栖息于浅海区沙质海底。肉食性。分泌的毒素毒性强。壳可作装饰品。

图 4-76

77. 织锦芋螺 *Conus textile*（Linnaeus，1758）

分类地位：腹足纲 Gastropoda，新腹足目 Neogastropoda，芋螺科 Conidae。

形态特征：壳长 80 mm，近纺锤形，表面光滑，瓷白色，有黄色斑块以及密布的褐色线状花纹。螺旋部圆锥形，缝合线处稍凹陷，各螺层排列工整。体螺层上有 3 条断续的橙褐色条带。壳口狭长，上部较窄，下部稍宽。外唇瓣状，内面瓷白色。内唇稍扭曲。

生态习性与经济意义：栖息于潮间带至浅海石砾或岩礁间。肉食性。可分泌毒素。壳可作装饰品。

图 4-77

78. 爪哇拟塔螺 *Turricula javana*（Linnaeus，1758）

分类地位：腹足纲 Gastropoda，新腹足目 Neogastropoda，塔螺科 Turridae。

形态特征：壳长 50 mm，呈纺锤形，表面浅棕色，螺旋部高，中轴直，缝合线较明显。各螺层肩部有倾斜的疣状突起，螺肋细密，可见生长线。壳口卵圆形，外唇薄，内面可见肋状齿。前沟较长，底部渐宽，微向背侧扭曲。

生态习性与经济意义：栖息于浅海泥沙质海底。壳可做装饰品。

图 4-78

79. 胖小塔螺 *Pyramidella ventricosa*（Guerin，1831）

分类地位：腹足纲 Gastropoda 肠纽目 Entomotaeniata 小塔螺科 Pyramidellidae

形态特征：壳长 28 mm，圆锥形。壳顶尖，表面较光滑，瓷白色，有褐色略呈纵行的斑带，有时可见深褐色斑块，缝合线明显。螺旋部与体螺层高度相近。壳口略呈扇形，外唇较薄，内面光滑。内唇可见肋状齿。前沟狭小，弯钩状。

生态习性与经济意义：栖息于浅海沙滩上。肉可食用。

图 4-79

80. 猫耳螺 *Otopleura auriscati*（Holten，1802）

分类地位：腹足纲 Gastropoda 肠纽目 Entomotaeniata 小塔螺科 Pyramidellidae

形态特征：壳长 27 mm，水滴形，表面有褐色与白色相间的云纹。螺旋部与体螺层高度相近，缝合线明显，肩部略呈直角，纵肋发达。壳口蝌蚪形，外唇厚，内面较光滑。内唇中部至下部有数条肋状齿。前沟短。

生态习性与经济意义：栖息于潮间带沙滩上。肉可食用。

图 4-80

81. 壶腹枣螺 *Bulla ampulla*（Linnaeus，1758）

分类地位：腹足纲 Gastropoda，头楯目 Cephalaspidae，枣螺科 Bullidae。

形态特征：壳长 50 mm，近球形，壳质厚而坚实，表面灰色，可见褐色细小条纹。螺旋部被体螺层覆盖。壳顶中央有一圆形凹穴。壳口大，外唇极扩张，两唇内面均光滑，瓷白色。前沟极宽。

生态习性与经济意义：栖息于潮间带至浅海的岩礁间或海藻中。壳可做装饰品。

图 4-81

82. 中国耳螺 *Ellobium chinensis*（Pfeiffer，1855）

分类地位：腹足纲 Gastropoda，基眼目 Basommatophora，耳螺科 Ellobiidae。

形态特征：壳长 50 mm，长卵圆形，表面棕红色，体螺层覆盖较密的棕色壳皮，纵肋较明显，每层均可见纵肿肋，亦可见缝合线。壳口长，外唇与内唇向外扩展形成一小的楯面，表面瓷白色，光滑，形似耳。轴唇上有 2 个较强的齿，其后有一弱的突起。

生态习性与经济意义：栖息于有淡水注入的高潮区和红树林湿地，可攀爬至树干上。肉可食用。

图 4 - 82

83. 米氏耳螺 *Ellobium aurismidae*（Linnaeus，1758）

分类地位：腹足纲 Gastropoda，基眼目 Basommatophora，耳螺科 Ellobiidae。

形态特征：壳长 60 mm，壳顶钝，壳面灰白色，有细密的螺纹和生长纹，壳表常具棕红色壳皮，两侧有纵肿肋。壳口近耳形，轴唇上有 2 个肋状齿。

生态习性与经济意义：栖息于有淡水注入的高潮区和红树林湿地。

图 4 - 83

84. 赛氏女教士螺 *Pychia cecillei*（Philippi，1847）

分类地位：腹足纲 Gastropoda，基眼目 Basommatophora，耳螺科 Ellobiidae。

形态特征：壳长 26 mm，呈卵圆形，背腹稍扁，壳质稍薄。壳面平滑，被有黄褐色壳皮，隐约可见有深褐色螺带。壳口窄，外唇内缘有 1 条纵脊，其上有 5 个大小不等齿。内唇有 3 个强齿。

生态习性：栖息于高潮线附近的海滩或红树林湿地。

图 4 - 84

85. 蛛形菊花螺 *Siphonaria sirius* (Pilsbry, 1894)

分类地位：腹足纲 Gastropoda，基眼目 Basommatophora，菊花螺科 Siphonariidae。

形态特征：壳长 20 mm，低笠状，壳面黑褐色，中央凹凸不平，四周有 6 条粗的白色放射肋与数条较细的放射肋，螺肋之间的沟中有壳皮。壳内黑褐色。右侧水管出入处有 1 凹沟。

生态习性：附着生活在高潮区的岩石上。

图 4–85

86. 瘤背石磺 *Onchidium struma* Cuvier, 1830

分类地位：腹足纲 Gastropoda，柄眼目 Stylommatophora，石磺科 Onchidiidae。

形态特征：无壳，体呈长椭圆形，外形似土疙瘩。外套膜为黄绿色，其上密布灰黑色斑。体表密布大小不等的瘤突。前端距触角 1 对，顶端有眼点。腹足灰绿色。

生态习性：栖息于高潮带及潮上带的滩涂，部分可以分布于中潮带。

图 4–86

87. 锈粗饰蚶 *Anadara ferruginea* (Reeve, 1844)

分类地位：双壳纲 Bivalvia，蚶目 Arcoida，蚶科 Arcidae。

形态特征：壳长大于壳高，壳近扇形，前缘比后缘稍长，背缘平直，壳顶稍突出背缘。表面瓷白色，放射肋约 30 条，壳皮多生长于放射肋之间的浅沟中，生长线被放射肋阻隔。壳内面瓷白色，可见放射肋痕迹。韧带长条状。铰合部平直且宽，有细齿数枚。

生态习性与经济意义：栖息于浅海至深海海底。肉可食用。

图 4–87

88. 布纹蚶 *Barbatia decussata*（Sowerby，1833）

分类地位：双壳纲 Bivalvia，蚶目 Arcoida，蚶科 Arcidae。

形态特征：壳长大于壳高，壳长 54 mm，近方圆形，较扁平，近腹缘微向内凹，前缘短于后缘，背缘较平直，壳顶稍突出背缘。表面瓷白色，近边缘处有较多的褐色至灰色的壳皮。细密的放射肋与生长线交织成布纹状。壳内面瓷白色至浅蓝色，近边缘处有 1 列褶皱。韧带长条状。铰合部平直且宽，有齿数枚，分布在两端的齿较大，而中部的齿细小。

图 4 - 88

生态习性与经济意义：以足丝附着栖息于潮间带中区以下至浅海岩石或珊瑚礁上。肉可食用。壳可入药。

89. 棕蚶 *Barbatia fusca*（Bruguière，1792）

分类地位：双壳纲 Bivalvia，蚶目 Arcoida，蚶科 Arcidae。

形态特征：壳长大于壳高，近卵圆形，前、后缘近等长，背缘较平直，壳顶稍突出背缘。表面棕色，可见浅色的斑纹，有棕色壳皮。细密的放射肋与生长线交织成细小网状。壳内面瓷白色，有深棕色斑块。韧带长条状。铰合部平直且宽，有细齿数枚。

图 4 - 89

生态习性与经济意义：栖息于潮间带至水深 20 米处的岩石上。肉可食用。壳可入药。

90. 青蚶 *Barbatia virescens*（Reeve，1844）

分类地位：双壳纲 Bivalvia，蚶目 Arcoida，蚶科 Arcidae。

形态特征：壳长 35 mm，壳长大于壳高，长卵圆形，前缘明显短于后缘，腹缘中部微凹，壳顶稍突出背缘。表面瓷白色，近边缘处有较多的褐色至灰色的壳皮。细密的放射肋与生长线交织成细小网状。壳内面瓷白色。韧带长条状。铰合部平直且宽，有齿数枚，分布在两端的齿较大，而中部的齿细小。

图 4 - 90

生态习性与经济意义：栖息于潮间带至浅海，以足丝附着在岩礁缝隙中。肉可食用。壳可入药。

91. 魁蚶 *Scapharca broughtonii*（Schrenck，1867）

分类地位：双壳纲 Bivalvia，蚶目 Arcoida，蚶科 Arcidae。

形态特征：壳长略大于壳高，壳长可达 80 mm，壳近矩形，腹缘稍呈弧形，壳顶稍突出背缘。表面瓷白色，近边缘处有较多的褐色至灰色的壳皮。放射肋约 34 条，较扁平，可见生长纹。壳内面瓷白色，边缘可见一轮短肋。韧带长条状。铰合部平直且宽，有细齿数枚。

图 4-91

生态习性与经济意义：栖息于潮间带至数十米水深的软泥或泥沙质海底。肉可食用。壳可入药。

92. 泥蚶 *Tegillarca granosa*（Linnaeus，1758）

分类地位：双壳纲 Bivalvia，蚶目 Arcoida，蚶科 Arcidae。

形态特征：壳长 30 mm，壳长大于壳高，壳近卵圆形，腹缘稍呈弧形，壳顶突出背缘。表面瓷白色，近边缘处有较多的褐色至灰色的壳皮。放射肋 17～20 条，较发达，其上有排列较整齐的粒状凸起。生长纹不甚明显。壳内面瓷白色，边缘有 1 圈较粗的短肋。韧带长条状。铰合部平直且宽，有细齿数枚。

图 4-92

生态习性与经济意义：栖息于潮下带浅海泥沙质海底。俗称"血蚶"，肉可食用，已有人工大量养殖。壳可入药。

93. 半扭蚶 *Trisidos semitorta*（Lamarck，1819）

分类地位：双壳纲 Bivalvia，蚶目 Arcoida，蚶科 Arcidae。

形态特征：壳长 100 mm，壳长大于壳高，从壳顶观察，壳有逆时针扭转的趋势，左壳比右壳稍大。表面瓷白色，棕色壳皮多聚集于边缘。细密的放射肋与生长线交织成网格状。壳内面瓷白色，韧带长条状。铰合部平直且宽，有细齿数枚。

图 4-93

生态习性与经济意义：栖息于水深 20 米左右的泥沙或珊瑚砂礁质海底。俗称"鲍鱼贝"，肉可食用。已有人工养殖。壳可入药。

94. 菲律宾偏顶蛤 *Modiolus philippinarum*（Hanley，1844）

分类地位：双壳纲 Bivalvia，贻贝目 Mytioida，贻贝科 Mytilidae。

形态特征：壳长 90 mm，略呈斜三角形，表面棕色至深紫色，生长纹细密，被有褐色壳皮。壳顶靠近前缘，从壳顶至后缘与腹缘交界的位置有一宽大的脊。壳内面紫红色，铰合部细长，位于后缘，有一长条状齿。

生态习性与经济意义：栖息于低潮线附近至水深 20 米的浅海，以足丝相互附着在泥沙或沙粒上生活。肉可食用。壳可入药。

图 4 - 94

95. 寻氏肌蛤 *Musculus senhousei*（Benson，1842）

分类地位：双壳纲 Bivalvia，贻贝目 Mytioida，贻贝科 Mytilidae。

形态特征：壳薄，近三角形，表面黄褐色，生长线细密。壳表被黄褐色壳皮。壳顶靠近前缘，稍突出背缘，从壳顶至后缘与腹缘交界的位置有一宽大的脊。壳内面瓷白色，韧带长条状。铰合部平直且宽，有细齿数枚。

生态习性与经济意义：栖息于潮间带至水深 20 米的海底，生长迅速。俗称"海瓜子"。肉可食用，也常被用作虾蟹养殖的饵料。

图 4 - 95

96. 翡翠贻贝 *Perna viridis*（Linnaeus，1758）

分类地位：双壳纲 Bivalvia，贻贝目 Mytioida，贻贝科 Mytilidae。

形态特征：壳长 100 mm，近三角形。壳顶位于前缘与背缘交界处，后缘与腹缘连续，呈弧形。壳表面碧绿色，有浅黄色至褐色环状条纹与细密的生长线平行。韧带位于壳顶后方，长条形。铰合部平直且宽，主齿左壳有 2 枚，右壳 1 枚，位于壳顶的位置。

生态习性与经济意义：附着栖息于低潮区至浅海岩礁上，喜群居，滤食浮游生物。肉味鲜美，俗称"青口"，海鲜水产市场常见。可作为海水污染指示生物。

图 4 - 96

97. 隔贻贝 *Septifer bilocularis*（Linnaeus, 1758）

分类地位： 双壳纲 Bivalvia, 贻贝目 Mytioida, 贻贝科 Mytilidae。

形态特征： 壳近扇形，壳顶位于前缘与背缘交界处，前缘微凹，其余各边缘呈弧形。壳表面绿色至深绿色，放射肋细密，生长线明显。壳内面淡蓝色至蓝紫色，可见珍珠光泽，壳顶下方有一个三角形的小隔板。铰合部较直，韧带位于壳顶后方，长条形。

图 4-97

生态习性： 以足丝群栖于潮间带岩石或珊瑚礁上。

98. 栉江珧 *Atrina pectinata*（Linnaeus, 1767）

分类地位： 双壳纲 Bivalvia, 贻贝目 Mytioida, 江珧科 Pinnidae。

形态特征： 壳长 330 mm，近三角形，壳顶位于前缘与背缘交界处，除后缘弧形，其余各边缘均较直。壳表面半透明，靠近壳顶部位紫红色，远离壳顶的部位黄褐色。放射肋较细密，与生长线交织成网格状。壳内面珍珠层占壳内面约一半的面积。铰合部无齿，韧带长条状，位于壳顶后方。

图 4-98

生态习性与经济意义： 栖息于浅海泥沙质海底，营附着或半埋栖生活，滤食浮游生物。著名海产品，俗称"带子"，除鲜食外，闭壳肌可干制成"瑶柱"。

99. 旗江珧 *Atrina vexillum*（Born, 1778）

分类地位： 双壳纲 Bivalvia, 贻贝目 Mytioida, 江珧科 Pinnidae。

形态特征： 壳大，可达 500 mm，厚重，扇形，壳顶位于前缘与背缘交界处，前缘呈 S 形，其余边缘较直。壳表面黑色，布满与壳边缘平行的生长纹。放射肋宽且矮。壳内面可见珍珠层。铰合部无齿，韧带长条状，位于壳顶后方。

图 4-99

生态习性与经济意义： 栖息于低潮线至 50 米水深的泥沙质海底。以壳顶插入泥沙中营半埋栖生活。肉可食用。

100. 马氏珠母贝 *Pinctada fucata martensii*（Dunker，1872）

分类地位：双壳纲 Bivalvia，珠母贝目 Pterioida，珠母贝科 Pteriidae。

形态特征：壳近圆形，壳顶略靠近前耳，背缘平直，前耳大，后耳小。壳表面淡黄色，生长线细密，呈片状突起，放射肋较平。壳内珍珠层厚，光泽强。铰合部平直。韧带紫褐色。足丝孔大。

图 4-100

生态习性与经济意义：以足丝附着栖息于低潮区至浅海的砾石或岩礁底，滤食浮游生物。著名海产珍珠母贝，已进行人工养殖。贝壳可制珍珠粉，肉可食用。

101. 解氏珠母贝 *Pinctada chemnitzi*（Philippi，1849）

分类地位：双壳纲 Bivalvia，珠母贝目 Pterioida，珍珠贝科 Pteriidae。

形态特征：壳较薄，扁平，两壳不等，左壳比右壳稍突。壳顶近前端。两耳较长，前耳小，后耳大。壳表面黄褐色，放射肋约10条，生长线细密，呈鳞片状突起。壳内珍珠层较薄。铰合部直，齿小。韧带黑褐色。

图 4-101

生态习性与经济意义：以足丝附着栖息于低潮区至浅海的岩礁间，滤食浮游生物。著名海产珍珠贝，已进行人工养殖。贝壳可制珍珠粉，肉可食用。

102. 白丁蛎 *Malleus albus*（Lamarck，1819）

分类地位：双壳纲 Bivalvia，珠母贝目 Pterioida，丁蛎科 Malleidae。

形态特征：壳高 180 mm，前、后耳呈长条状突起，壳身与两耳垂直，呈"丁"字形。两壳不等，边缘呈互相吻合的波浪状。壳顶不明显，背缘较平直。壳表面浅黄色或黄褐色，可见片状生长线，无放射肋。珍珠层位于壳内面靠近壳顶处，珍珠层下部可见一条纵行的肋状突起。铰合部无齿，韧带长条状。

图 4-102

生态习性与经济意义：栖息于低潮线至百米内的浅海沙质海底，以足丝附着在砂砾上或半埋于泥沙中生活。中药药材之一。

103. 华贵类栉孔扇贝 *Mimachlamys nobilis*（Reeve, 1853）

分类地位：双壳纲 Bivalvia，珠母贝目 Pterioida，扇贝科 Pectinidae。

形态特征：壳大，可达 100 mm，呈圆扇形，壳顶位于背缘中央，两耳三角形，表面可见放射肋。壳表面颜色多变，常见橙红色，有时可见深红色斑纹。壳表面放射肋 23 条左右，肋上有翘起的小鳞片。壳内面红色，铰合部平直，韧带位于铰合部中央，三角形。

图 4-103

生态习性与经济意义：以足丝附着栖息于低潮区至浅海岩石上，滤食浮游生物。闭壳肌发达，可拍打双壳进行游泳。市场常见，俗称"扇贝"，已进行人工养殖。闭壳肌干制品即"干贝"。

104. 长肋日月贝 *Amusium pleuronectes pleuronectes*（Linnaeus, 1758）

分类地位：双壳纲 Bivalvia 珠母贝目 Pterioida 扇贝科 Pectinidae

形态特征：壳长 80 mm，壳薄而脆，扇形，背缘直，表面有光泽。壳较对称，两耳呈钝角三角形，生长线细密。左壳表面深红色，有放射状深红色条纹，右壳表面白色。壳内面较光滑，有成对的放射肋。韧带褐色，三角形，位于铰合部正中央，铰合部无齿。

图 4-104

生态习性与经济意义：栖息于浅海泥沙质海底，滤食浮游生物。肉可鲜食，亦可制成干制品。壳可作装饰品。

105. 棘刺海菊蛤 *Spondylu aculeatus*（Schröter, 1788）

分类地位：双壳纲 Bivalvia，珠母贝目 Pterioida，海菊蛤科 Spondylidae。

形态特征：壳较厚，扇形，壳顶圆钝，稍突出背缘。前耳比后耳稍大，三角形，均不明显。壳表面灰白色，表布发达的呈放射状排列的管状或片状突起，越靠近边缘突起越长。生长线片状。壳内面瓷白色，边缘橙色。铰合部有 2 枚弯月状的齿，圆形的韧带被包围于其中。

图 4-105

生态习性与经济意义：以右壳附着栖息于低潮线附近的岩石或珊瑚礁上。肉可食用，壳可药用。

106. 襞蛤 *Plicatula plicata*（Linnaeus，1767）

分类地位：双壳纲 Bivalvia，珍珠贝目 Pterioida，襞蛤科 Plicatulidae。

形态特征：壳近椭圆形，两壳不等，右壳较扁平。壳表面灰白色，中部常见一条弯曲的褶襞，褶襞将壳表划分为两部分，靠近腹缘部分排布有较粗的放射肋，靠近背缘的部分可见不规则的凸起，无放射肋。壳内面光滑，铰合部有条状齿 2 枚，韧带三角形，位于 2 齿之间。

图 4－106

生态习性：以右壳附着栖息于低潮线附近至浅海岩石上。

107. 近江牡蛎 *Crassostrea ariakensis*（Wakiya，1913）

分类地位：双壳纲 Bivalvia，珍珠贝目 Pterioida，牡蛎科 Ostreidae。

形态特征：贝壳大，厚重，长 110 mm。壳形个体差异大，左壳较凸，多见卵形至弯月形。右壳平，壳表面灰黄色至棕黄色，生长线片状，环形，无放射肋。壳内面瓷白色，闭壳肌痕明显，肾形，棕色至紫色。铰合部三角形，韧带圆形至三角形。

图 4－107

生态习性与经济意义：以左壳附着栖息于河口低盐区附近，喜群居。海鲜市场常见，俗称"生蚝"，人工养殖量大。

108. 覆瓦牡蛎 *Parahyotissa imbricata*（Lamarck，1819）

分类地位：双壳纲 Bivalvia，珍珠贝目 Pterioida，牡蛎科 Ostreidae。

形态特征：壳薄，近方形，壳顶位置不明显，表面粗糙，灰黄色。放射肋粗壮，走向不规则，其上常见片状突起，壳边缘波浪状，与放射肋相对应。壳内面瓷白色，较光滑，外套痕近圆形。

图 4－108

生态习性与经济意义：以左壳附着生活在浅海礁石上。肉可食用。

109. 斜纹心蛤 *Cardita leana* (Dunker, 1860)

分类地位：双壳纲 Bivalvia，帘蛤目 Veneroida，心蛤科 Carditidae。

形态特征：壳长 20 mm，壳长大于壳高，质厚。壳顶圆润，位于前缘与背缘交界处，小月面内陷。壳表面灰白色，放射肋 15 条左右，粗壮且弯曲，不同个体弯曲程度不同，其上有片状突起，隐约可见生长线。壳内面瓷白色，铰合部长条形，有铰合齿，外韧带型。

生态习性：附着栖息于潮间带岩石上。

图 4-109

110. 薄壳鸟蛤 *Fulvia aperta* (Bruguiere, 1789)

分类地位：双壳纲 Bivalvia，帘蛤目 Veneroida，鸟蛤科 Cardiidae。

形态特征：壳薄，近椭圆形，壳顶尖，稍弯曲，近壳顶部位膨圆。壳表面灰白色，布有粉红色至红色云纹。壳表面有较细的放射肋，生长线较明显。壳内面瓷白色，可见浅红色斑纹，有与壳表面对应的浅肋。铰合部狭长，中部有主齿 2 枚，两侧有条状齿。闭壳肌痕较明显。

生态习性与经济意义：底栖栖息于潮间带至浅海沙质海底。肉可食用。

图 4-110

111. 镶边鸟蛤 *Vepricardium coronatum* (Schröter, 1786)

分类地位：双壳纲 Bivalvia，帘蛤目 Veneroida，鸟蛤科 Cardiidae。

形态特征：壳长 40 mm，近圆形，壳顶尖，稍弯曲，近壳顶部位膨圆。壳表面灰白色，相邻放射肋之间的沟中可见生长线，放射肋 36～38 条，放射肋靠近壳边缘的部位上可见粒状凸起。壳内面瓷白色，可见与壳表对应的浅肋。铰合部狭长，中部有主齿两枚，前部有条状齿，后部可见一圆槽。

生态习性与经济意义：栖息于浅海软泥或泥沙质海底。肉可食用。

图 4-111

112. 西施舌 *Coelomactra antiquata* (Spengler, 1802)

分类地位：双壳纲 Bivalvia 帘蛤目 Veneroida 蛤蜊科 Mactridae

形态特征：壳长 100 mm，略呈三角形，壳长略大于壳高，前缘短，后缘、腹缘弧形。壳表面近壳顶处紫色，近边缘处灰白色，有细小的黄褐色壳皮，生长线细密，无放射肋。壳内面瓷白色，较光滑，顶部淡紫色。铰合部两边窄，有条状齿；中间稍宽，有主齿。

图 4-112

生态习性与经济意义：栖息于潮间带至浅海细沙质海底。已有人工养殖，海产市场可见。

113. 环纹坚石蛤 *Atactodea striata* (Gemlin, 1791)

分类地位：双壳纲 Bivalvia，帘蛤目 Veneroida，中带蛤科 Mesodesmatidae。

形态特征：壳长 30 mm，呈卵三角形，壳质坚硬，壳顶位于背缘中央。壳表面瓷白色，具黄褐色壳皮，靠近壳边缘处壳皮较密集。同心生长纹粗糙，近腹缘常竖起。壳内面瓷白色，铰合部有条状齿数枚，内韧带三角形。闭壳肌痕、外套痕明显。

图 4-113

生态习性：栖息于潮间带沙质海底。

114. 对生蒴蛤 *Asaphis violascens* (Forsskal, 1775)

分类地位：双壳纲 Bivalvia，帘蛤目 Veneroida，紫云蛤科 Psammobiidae。

形态特征：壳长 70 mm，长卵圆形，较膨胀，壳质厚。壳长大于壳高，前缘圆，后缘较直。壳顶细小，位于背缘近中央处，两壳放射肋排布略呈中心对称。壳表面灰白色，放射肋粗细不均匀，与生长线交织成网格状。壳内面瓷白色，铰合部狭长，有条状齿数枚。

图 4-114

生态习性：栖息于潮间带至浅海石砾或碎珊瑚泥沙质海底。

115. 长紫蛤（紫血蛤）*Sanguinolaria elongata*（Lamarck，1818）

分类地位： 双壳纲 Bivalvia，帘蛤目 Veneroida，紫云蛤科 Psammobiidae。

形态特征： 壳长卵圆形，质薄，背缘、腹缘较直，前缘、后缘圆。壳顶细小，位于背缘近中央处。壳表面瓷白色至淡紫色，布有黄褐色壳皮，生长线细密，无放射肋。壳内面紫色，铰合部狭长，可见主齿两枚。外韧带型。

图 4-115

生态习性与经济意义： 栖息于河口附近的潮间带泥沙质海底。肉可食用。

116. 缢蛏 *Sinonovacula constricta*（lamarck，1818）

分类地位： 双壳纲 Bivalvia，帘蛤目 Veneroida，灯塔蛏科 Pharellidae。

形态特征： 壳薄，长约 80 mm，近长方形。壳顶位于背缘近前方。贝壳前后端均为圆形，两端有开口。贝壳生长纹粗糙，外被一层粗糙的黄褐色或黄绿色壳皮，从壳顶至腹缘有 1 条凹的斜沟。壳内白色，外套痕明显，外套窦宽大。

图 4-116

生态习性与经济意义： 栖息于盐度低的河口附近和内湾软泥滩涂中。重要海产贝类，水产市场常见。

117. 红树蚬 *Gelonia coaxans*（Gmelin，1791）

分类地位： 双壳纲 Bivalvia，帘蛤目 Veneroida，蚬科 Corbiculidae。

形态特征： 壳呈三角卵圆形，厚重而膨胀。壳顶位于背缘近中央部。壳高与壳长近相等，壳表灰黄色，密布棕色壳皮，生长线细密。壳顶部常磨损。壳内面瓷白色，铰合部狭长，主齿 3 枚，可见条状侧齿。韧带长条状。

图 4-117

生态习性与经济意义： 栖息于河口或红树林泥沙质底质中。肉可食用。

118. 鳞杓拿蛤 *Anomalodiscus squamosus* (Linnaeus, 1758)

分类地位：双壳纲 Bivalvia，帘蛤目 Veneroida，帘蛤科 Veneridae。

形态特征：壳小型，近似杓状，前端钝圆，后端尖瘦。壳表黄褐色，相邻放射肋间形成的沟较窄，粗壮的放射肋与生长纹交织成念珠或鳞片状突起。小月面长。壳内面瓷白色，边缘有锯齿状缺刻。铰合部有主齿3枚。

生态习性：埋栖于潮间带中潮区的泥或泥沙质海底。

图 4 – 118

119. 美叶雪蛤 *Clausinella calophylla* (Philippi, 1836)

分类地位：双壳纲 Bivalvia，帘蛤目 Veneroida，帘蛤科 Veneridae。

形态特征：壳长 29 mm，呈三角卵圆形，壳顶斜向前方，壳表瓷白色，轮肋呈细长的片状突起，约9轮，轮肋间可见生长线，无放射肋。小月面凹，小心脏形。壳内面较光滑，瓷白色。铰合部弓形，主齿3枚，闭壳肌痕与外套痕较明显。

生态习性：栖息于潮间带下部至浅海 10～90 米泥沙质海底。

图 4 – 119

120. 伊萨伯雪蛤 *Clausinella isabellina* (Philippi, 1849)

分类地位：双壳纲 Bivalvia，帘蛤目 Veneroida，帘蛤科 Veneridae。

形态特征：壳长约 25 mm，呈三角卵圆形，壳表瓷白色，轮肋呈片状突起，约13轮，轮肋间可见生长线，无放射肋。小月面凹，心脏形。壳内面较光滑，瓷白色。铰合部弓形，主齿3枚，外套痕较明显。

生态习性：栖息于潮间带至浅海 20～80 米黏质泥沙质海底。

图 4 – 120

121. 青蛤 *Cyclina sinensis*（Gmelin，1791）

分类地位：双壳纲 Bivalvia，帘蛤目 Veneroida，帘蛤科 Veneridae。

形态特征：壳 60 mm，近圆形，壳高稍大于壳长，壳顶位于背缘近中央处。壳表有与细密生长线平行的浅紫色环纹，放射肋细密，与生长线略呈网格状。壳皮棕色，多分布在近边缘处。壳内面瓷白色，边缘浅紫色，可见一轮细齿。铰合部主齿 3 枚。

图 4-121

生态习性与经济意义：栖息于有淡水注入的潮间带泥沙质底质中，滤食浮游生物。肉营养美味，俗称"赤口"。已有人工养殖。

122. 菲律宾蛤仔 *Ruditapes philippinarum*（Adams et Reeve，1850）

分类地位：双壳纲 Bivalvia，帘蛤目 Veneroida，帘蛤科 Veneridae。

形态特征：壳长 40～50 mm，近卵圆形，不同生活环境下的个体形态和花纹变异较大，壳面多为灰黄色或青灰色。放射纹细密，与同心生长纹交织成布纹状。壳内灰黄色。铰合部有主齿 3 枚，外套窦深。

图 4-122

生态习性与经济意义：栖息于潮间带至潮下带浅海泥沙、粗砂或小石砾海底，尤其喜栖息于有淡水注入的平静内湾。

123. 杂色蛤仔 *Ruditapes variegata*（Sowerby，1852）

分类地位：双壳纲 Bivalvia，帘蛤目 Veneroida，帘蛤科 Veneridae。

形态特征：壳长 25～39 mm。壳表面颜色、花纹变化极大，有淡褐色、棕色，并有密集的褐色或赤褐色斑点或花纹，自壳顶至腹面有较淡色带 2～3 条，放射肋细密，扁平，50～70 条。壳内面白色稍带紫色或淡红色。

图 4-123

生态习性与经济意义：栖息于近河口沿岸或波浪平静的内湾中，自潮间带至潮下带十余米的沙和泥沙质底质均可生长。

124. 加夫蛤 *Gafrarium pectinatum* (Linnaeus, 1758)

分类地位：双壳纲 Bivalvia，帘蛤目 Veneroida，帘蛤科 Veneridae。

形态特征：壳长约 35 mm，呈长卵圆形，壳顶钝，位于前缘与背缘交界处，前缘较圆，后缘较直。壳表灰白色，有棕色斑纹。放射肋粗，近边缘处有分叉，同心生长纹与放射肋交织成念珠状结节。壳内面瓷白色，边缘有 1 轮短肋。铰合部主齿 3 枚，韧带位于壳顶后方。后闭壳肌痕和外套痕较明显。

图 4 - 124

生态习性与经济意义：栖息于潮间带至水深 20 米左右的浅海沙质底。

125. 斧文蛤 *Meretrix lamarckii* (Deshayes, 1853)

分类地位：双壳纲 Bivalvia，帘蛤目 Veneroida，帘蛤科 Veneridae。

形态特征：壳长可达 80 mm，呈三角形或斧头形，壳顶位于近背缘中央，小月面略凹陷，前后缘较直，腹缘圆润。壳表棕黄色，较光滑，生长线细密，壳表条纹个体差异大，常见与生长线平行的深棕色至浅紫色条纹。壳内面瓷白色，铰合部主齿 3 枚。

图 4 - 125

生态习性与经济意义：栖息于潮下带至 20 米深的浅海沙质底。可食用，水产市场可见。

126. 丽文蛤 *Meretrix lusoria* (Röding, 1798)

分类地位：双壳纲 Bivalvia，帘蛤目 Veneroida，帘蛤科 Veneridae。

形态特征：壳长 70～100 mm，呈三角形，壳顶位于近背缘中央，前后缘较直，腹缘圆润。壳表光滑，壳皮黄褐色，几乎覆盖全壳，常刮损。壳表有数圈与生长线平行的由棕色斑点排列成的条纹，近壳顶部条纹较密集。壳内面瓷白色，铰合部主齿 3 枚，在壳顶前方处有 1 枚发达的侧齿。韧带条状，在壳顶后方。

图 4 - 126

生态习性与经济意义：栖息于潮间带至浅海沙质海底。可食用，水产市场常见。

127. 琴文蛤 *Meretrix lyrata*（Sowerby，1815）

分类地位：双壳纲 Bivalvia，帘蛤目 Veneroida，帘蛤科 Veneridae。

形态特征：壳长约 50 mm，近三角形。壳顶位于近背缘中央，前缘、后缘较直，腹缘圆润。壳表灰白色，楯面黑色。同心肋宽，肋间沟狭而浅。壳内面瓷白色，近楯面处黑色。铰合部主齿 3 枚，韧带条状，位于壳顶后方。

图 4-127

生态习性与经济意义：栖息于潮间带至浅海沙质海底。俗称"沙白"，已有人工养殖，水产市场常见。

128. 文蛤 *Meretrix meretrix*（Linnaeus，1758）

分类地位：双壳纲 Bivalvia，帘蛤目 Veneroida，帘蛤科 Veneridae。

形态特征：壳长可达 120 mm，呈三角形，壳顶位于近背缘中央，前缘后缘较直，腹缘圆润。壳表较光滑，多呈黄褐色，花纹有变化，常在壳顶附近有锯齿状花纹，同心生长纹细密，其上壳皮常被磨损。壳内面瓷白色，铰合部主齿 3 枚，韧带条状，位于壳顶后方。

图 4-128

生态习性与经济意义：栖息于潮间带至浅海泥沙质海底。可食用，水产市场常见。

129. 波纹巴非蛤 *Paphia undulata*（Born，1778）

分类地位：双壳纲 Bivalvia，帘蛤目 Veneroida，帘蛤科 Veneridae。

形态特征：壳长约 70 mm，长卵圆形，壳长大于壳高，壳顶位于背缘近中央，稍偏向前缘。壳表面浅黄褐色，生长纹细密，可见交织成菱形网格的棕色线纹，壳近边缘有 1 轮与生长线平行的浅褐色斑带。壳内面瓷白色，铰合部狭小，有主齿 3 枚。韧带长条状，位于壳顶后方。

图 4-129

生态习性与经济意义：栖息于潮下带至浅海泥沙质海底。味鲜美，俗称"花甲"，水产市场常见。

130. 钝缀锦蛤 *Tapes dorsatus*（Lamarck，1818）

分类地位：双壳纲 Bivalvia，帘蛤目 Veneroida，帘蛤科 Veneridae。

形态特征：壳长 75 mm，近梯形，壳长大于壳高，小月面略凹陷，后缘长于前缘，腹缘较平直。壳表面浅黄褐色，生长线细密，有数条放射状排布的褐色斑纹，腹缘处可见排列成菱形的褐色线纹。壳内面瓷白色至浅黄色。铰合部狭长，主齿 3 枚。闭壳肌痕明显。

图 4 - 130

生态习性与经济意义：栖息于浅海泥沙质海底。俗称"天鹅蛋"，有人工养殖，水产市场可见。

131. 库页岛马珂蛤 *Pseudocardium sachalinense*（Sehrenck，1862）

分类地位：双壳纲 Bivalvia，帘蛤目 Veneroida，马珂蛤科 Mactride。

形态特征：壳质坚厚而膨胀，卵圆形，两壳对称，前缘截形，后缘稍圆。壳表有一层薄黄褐色壳皮，壳顶及壳中部常有磨损脱落，使壳面呈黄白色。壳面不光滑，壳表面有许多以壳顶为中心的同心生长线，顶端部分细密，向腹缘延伸变粗并突出于壳面。生长线距离不等，可以推知生长的快慢。

图 4 - 131

生态习性与经济意义：分布于日本北部、俄罗斯鄂霍次克海沿岸、库页岛、千岛群岛和朝鲜半岛北部等亚寒带海域。常用于做刺身，俗称"北极贝"。

132. 东方海笋 *Pholas orientalis*（Gmelin，1791）

分类地位：双壳纲 Bivalvia，海螂目 Myoida，海笋科 Pholadidae。

形态特征：壳长 125 mm，壳长约为壳高的 3 倍，壳顶位于约壳长 1/4 处。壳表面瓷白色，前半部排列有轮肋与放射肋交织成的粒状凸起，后半部无凸起，可见生长线。壳顶背面壳缘向外卷曲，有一隔板呈格子状，外套窦深而圆。壳内瓷白色，可见与壳表相对应的凸起。

图 4 - 132

生态习性与经济意义：埋栖于浅海或有淡水注入的海口区泥沙中。俗称"孔雀贝"，已有人工养殖，海鲜市场可见。

133. 砂海螂 *Mya arenaria* (Linnaeus, 1767)

分类地位： 双壳纲 Bivalvia，海螂目 Myoida，海螂科 Myidae。

形态特征： 壳大而厚，呈长卵圆形，两壳抱合时前后均有开口。壳顶突出，位于背缘中央偏向前方，两壳顶紧接。壳前端边缘圆，后缘稍尖，腹缘广弧形。壳面粗糙。生长纹细密，凸凹不平。无放射肋。壳面被黄色或黄褐色壳皮，脱落后易呈白色。铰合部极窄，左壳顶内有1个向右壳顶下伸出的匙状薄片，右壳顶下方有1个卵圆形凹陷，与左壳匙状薄片共同形成1扁的韧带圆槽，内韧带附在其中。水管极长，约为壳长的4倍。

图 4 - 133

生态习性： 栖息于潮间带下至水深数米的泥沙底质。穴居生活，深度可达 30～50 厘米。

134. 太平洋潜泥蛤 *Panopea abrupta* (Conrad, 1849)

分类地位： 双壳纲 Bivalvia，海螂目 Myoida，潜泥蛤科 Hiatellidae。

形态特征： 贝壳大而坚硬，卵形；壳顶位于背部近中央处；贝壳前端较圆，后端近截形。壳表面瓷白色，具褐色壳毛，生长线细密，部分生长线呈片状。韧带位于壳外侧，长条状。虹管巨大，不能缩入壳中。

图 4 - 134

生态习性与经济意义： 原产于美国和加拿大北太平洋沿海。栖息于海底，喜钻洞。无足，不能移动，滤食浮游生物。为名贵海鲜，俗称"象拔蚌"，大型水产市场可见。

135. 截形鸭嘴蛤 *Laternula truncata* (Lamarck, 1818)

分类地位： 双壳纲 Bivalvia，笋螂目 Pholadomyoida，鸭嘴蛤科 Laternulidae。

形态特征： 壳长 40 mm，壳质薄脆，半透明，壳长大于壳高，小月面凹，两壳前缘形成一圆形开口，开口面与腹缘、背缘相垂直，似鸭嘴。壳表灰白色，生长线细密，无放射肋。壳内面白色，有云母状光泽。铰合部有一石灰质韧带片，韧带槽匙状。

图 4 - 135

生态习性与经济意义： 栖息于潮间带至浅海20米的泥沙质海底。

136. 金乌贼 *Sepia esculenta* Hoyle，1885

分类地位：头足纲 Cephalopoda，乌贼目 Sepioidea，乌贼科 Sepiidae。

形态特征：个体中大，胴长可达 200 mm。体黄褐色，胴体上有棕紫色与白色细斑相间，雄体背有波状条纹，在阳光下呈金黄色光泽。背腹略扁平，侧缘绕以狭鳍，不愈合。头部前端、口周围生有 5 对腕，腕吸盘 4 行，角质环具钝头小齿。雄性左侧第 4 腕茎化，吸盘小而密，约 10 行，角质环具钝头小齿。石灰质内骨骼发达，长椭圆形，长度约为宽度的 2 倍，后端骨针粗壮。

生态习性与经济意义：栖息于外海水域。喜弱光，白天下沉，夜间上浮。重要海洋经济物种，俗称"墨鱼"。

图 4-136

第 5 章　滨海习见甲壳类动物图谱

5.1　甲壳动物的主要特征

甲壳动物属于节肢动物门（Arthropoda）甲壳动物亚门（Crustacean）。甲壳动物都具有外壳，绝大多数是几丁质外壳，也有石灰质外壳的个体；身体分节，每一节具有对应的附肢，大多数运动能力较强，许多物种具有可观的经济价值。

滨海最常见的甲壳类动物大多属于口足目（Stomatopoda）、等足目（Isopoda）和十足目（Decapoda）。其中口足目的虾蛄类、十足目的虾类和蟹类生物具有较高的经济价值。

围胸总目（Thoracica）常见的有龟足、藤壶、茗荷，这类生物成体营固着生活，身体被石灰质壳板包裹。在海岸岩礁上常见成群着生的藤壶，有时在软体动物的贝壳上也可见着生。

口足目常见的即虾蛄。这类动物形态似虾类，头部具有一对发达的附肢，形似螳螂的前足。

等足目常见的有海蟑螂、水虱等。等足目动物体型大多较小，附肢多对，形态大致相似；眼睛无柄。大多数营水生生活，也有陆生种。

十足目常见的即虾类与蟹类，均具有头胸甲，有发达的螯。其中虾类（图 5 - a）身体多呈弓形，有明显的分节，头胸甲具有一额剑；蟹类（图 5 - b）体态扁平，头胸甲发达，腹部体节藏匿于头胸甲之下。

图 5 - a　虾类形态结构

图 5-b 蟹类形态结构

5.2 习见甲壳动物

1. 龟足 *Capitulum mitella*（Linnaeus, 1758）

分类地位：蔓足纲 Cirripedia，有柄目 Pedunculata，铠茗荷科 Scalpellidae。

形态特征：身体宽 30 mm，高 50 mm，分为头状部和柄部。头状部侧扁，呈淡黄色和绿色，由楯板、背板、上侧板、峰板、吻板等 8 个壳板形成壳室，基部有 1 排（21～31 个）小的侧板轮生。柄部软而呈褐色或黄褐色，富肌肉质，可伸缩，外表被有细小的石灰质鳞片，排列紧密。

图 5-1

生态习性与经济价值：固着栖息于沿海潮间带和潮上带岩石缝隙中。常密集成群。可食用。

2. 海蟑螂 *Ligia exotica*（Roux, 1828）

分类地位：软甲纲 Malacostraca，等足目 Isopoda，海蟑螂科 Ligiidae。

形态特征：体呈长椭圆形，壳薄，褐色至黑色。体节共 14 节，第一节由头部与第一胸节愈合合成，其上着生 1 对黑色复眼与两对触角，复眼无柄，触角其中 1 对细长，另 1 对短小。胸部 7 节，每节着生 1 对活动能力强的胸足。腹部 6 节，每节着生 1 对叶状足。尾节 1 节，着生 1 对尾肢，尾肢分叉。

生态习性：栖息于高潮带或潮上带海岸石缝间，行动敏捷，喜群居，以藻类为食。

图 5-2

3. 口虾蛄 *Squilla orarotia* (De Haan, 1844)

分类地位：软甲纲 Malacostraca，口足目 Stomatopoda，虾蛄科 Squillidae。

形态特征：体长约 130 mm，体表无黑色斑纹。头胸甲前侧缘成锐角，两侧各有 5 条纵脊。中央脊近前端部分成"Y"形叉状。捕肢腕节背缘有 1 齿，指节具 6 齿。腹部宽大，共 6 节，尾节宽而短，后缘具强棘。能以尾肢摩擦尾节腹面或以掠肢打击而发声。

图 5-3

生态习性与经济意义：常在浅海沙底或泥沙底掘穴，穴多为"U"字形。肉食性，捕食小型无脊椎动物。俗称"濑尿虾"，海鲜市场可见。

4. 断脊小口虾蛄 *Oratosquillina interrupta* (Kemp, 1911)

分类地位：软甲纲 Malacostraca，口足目 Stomatopoda，虾蛄科 Squillidae。

形态特征：体长可达 160 mm。体背浅橄榄绿色。头胸甲沟深绿色，脊深红色。体节后缘深绿色，脊绿色。中央脊近前端"Y"形叉明显中断。捕肢指节具 6 齿。尾柄中央脊具一褐色点。尾肢外肢黄色。

图 5-4

生态习性与经济意义：栖息于浅海泥沙质海底，常钻洞穴，以捕捉足捕食贝类、螃蟹、海胆等。常与口虾蛄混售。

5. 美洲螯龙虾 *Homarus americanus* (Milne Edwards, 1837)

分类地位：软甲纲 Malacostraca，十足目 Decapoda，海螯虾科 Nephropidae。

形态特征：壳坚厚，体表颜色多变，多为青黑色、红棕色，常见深色细小斑点。螯巨大，扁平状，其上有短刺。额剑短，触须 3 对，其中有 1 对较发达。腹部常弯曲，尾扇末端圆润。

图 5-5

生态习性与经济意义：栖息于浅海岩礁中或在沙砾底挖穴生活，主要以鱼类、小型甲壳类及贝类为食。美国东北部名产，俗称"波士顿龙虾"，海鲜市场可见。

6. 杂色龙虾 *Panulirus versicolor* (Latreille, 1804)

分类地位：软甲纲 Malacostraca，十足目 Decapoda，龙虾科 Palinuridae。

形态特征：头胸甲略呈圆筒状，前缘除眼上角外，具有四枚距离相若的大刺，眼上角超过 3 倍眼高，角间无棘刺，前额板仅具两对分离的主刺，腹部较平滑，第二及第三腹节背甲各侧具一浅且宽的下陷软毛区。体表呈蓝色和绿色，第一触角柄蓝色并有白斑纹，第二触角鞭白色，步足为蓝色具有明显的白色条纹。各腹节后缘具 1 条蓝边横白线，尾扇未钙化部分为蓝色和绿色。

图 5-6

生态习性与经济意义：栖息于岩礁缝隙、石洞或珊瑚窟窿之中。昼伏夜出，白天藏匿洞中，夜间外出觅食。名贵海鲜，大型海鲜市场较常见。

7. 天鹅龙虾 *Panulirus cygnus* (George, 1962)

分类地位：软甲纲 Malacostraca，十足目 Decapoda，龙虾科 Palinuridae。

形态特征：头胸部呈圆筒形，体壮色艳，通体火红色，甲坚硬，两对触角发达。头胸甲除眼上刺、眼后刺和触角刺外，别无其他刺或齿。额角侧缘有刺。爪为金黄色。

图 5-7

生态习性与经济意义：幼体在海草中成长，随着个体长大，逐渐向西澳洲迁徙至较深的海底及珊瑚礁。体大肥美，是澳洲名贵水产品，俗称"澳龙"。大型海鲜市场常见。

8. 近缘新对虾 *Metapenaeus affinis* (H. Miline-Edwards, 1837)

分类地位：软甲纲 Malacostraca，十足目 Decapoda，对虾科 Penaeidae。

形态特征：体表灰白色，半透明，密布黑色细小斑点。额剑短小，上缘约 6 齿，下缘平直，无齿。无中央沟，第一触角上鞭约为头胸甲长的 1/2，第二触角细长。颚足 3 对，前两对常贴近头胸甲底部。步足 5 对，乳白色至浅黄色。雄性交接器"Y"字形，雌性交接器为"c"形，中央板呈台状。

图 5-8

生态习性与经济意义：近岸浅海种，分布于河口附近 15 米以浅水域，对底质无严格选择，盐度要求适中，高盐和低盐海区很少发现。杂食性。俗称"基围虾"，海鲜水产市场可见。

9. 刀额新对虾 *Metapenaeus ensis*（De Man, 1850）

分类地位：软甲纲 Malacostraca，十足目 Decapoda，对虾科 Penaeidae。

形态特征：体呈土黄至棕褐色，散布许多黑点。游泳足呈棕色或赤色，步足淡紫色与淡黄色环斑相间，尾节暗棕色。额角上缘 6～9 齿，下缘无齿，无中央沟；额角雄性平直，呈尖刀形，雌性末端微向上弯。雄性交接器顶端尖，基部宽，腹面略呈三角形，末端正中突起超过侧突起的顶端；雌性交接器有前中板，呈长方形。

图 5-9

生态习性与经济意义：栖息于沙泥或泥沙质浅海海底，有潜沙习性，白天潜伏在沙层中，仅露出触须和眼睛，夜晚活动摄食。俗称"芦虾"，海鲜水产市场可见。

10. 斑节对虾 *Penaeus monodon*（Fabricius, 1798）

分类地位：软甲纲 Malacostraca，十足目 Decapoda，对虾科 Penaeidae。

形态特征：体表光滑，壳稍厚，体色由棕绿色、深棕色和浅黄色环状色带相间排列，额角上缘 7～8 齿，下缘 2～3 齿，以上缘 7 齿且下缘 3 齿者为多，额角尖端超过第一触角柄的末端，额角侧沟深，伸至目上刺后方，额角侧脊低且钝，额角后脊中央沟明显，有明显的肝脊。游泳足呈浅蓝色，步足、腹肢呈桃红色。

图 5-10

生态习性与经济意义：栖息于沙泥或泥沙底质，白天潜底不动，傍晚食欲最强，开始频繁的觅食活动。重要经济虾类，俗称"草虾"，海鲜市场常见，已有人工养殖。

11. 日本囊对虾 *Marsupenaeus japonicus*（Bate, 1888）

分类地位：软甲纲 Malacostraca，十足目 Decapoda，对虾科 Penaeidae。

形态特征：体长而侧扁，体色呈淡褐色至青褐色，具有深褐色横带及褐色倾斜的斑纹，尾肢具棕色横带。额角微呈正弯弓形，上缘 8～10 齿，下缘 1～2 齿。为大型虾类，一般体长 140～180 mm，体重 30～80 g。

图 5-11

生态习性与经济意义：栖息于水深 10～40 米的沙泥质海底，有较强的潜沙特性。重要经济虾类，俗称"竹节虾"，海鲜市场可见，已有人工养殖。

12. 墨迹明对虾 *Fenneropenaeus merguiensis* (De Man, 1888)

分类地位：软甲纲 Malacostraca, 十足目 Decapoda, 对虾科 Penaeidae。

形态特征：体淡棕黄色，甲壳较薄。额角上缘 8～9 齿，下缘 4～5 齿。额角基部很高，侧视三角形。额角后脊伸至头胸甲后缘附近，无中央沟。第一触角鞭与头胸甲大致等长。雌交接器前片顶端疣突相当大，约为纳精器的 3/7。性成熟的雌虾大于雄虾。

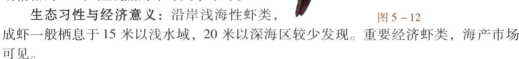

图 5-12

生态习性与经济意义：沿岸浅海性虾类，成虾一般栖息于 15 米以浅水域，20 米以深海区较少发现。重要经济虾类，海产市场可见。

13. 凡纳滨对虾 *Litopenaeus vannamei* (Boone, 1931)

分类地位：软甲纲 Malacostraca, 十足目 Decapoda, 对虾科 Penaeidae。

形态特征：体色为淡青蓝色，甲壳较薄。额角尖端长度不超出第一触角柄的第 2 节，齿式为 5～9/2～4，侧沟短，至胃上刺下方消失；头胸甲较短，与腹部的比例为 1:3，具肝刺及触角刺，不具颊刺及鳃甲刺，肝脊明显。雌虾不具纳精囊。雄虾第一对腹肢的内肢特化为卷筒状的交接器。

图 5-13

生态习性与经济意义：栖息于 0～72 米深泥质海底。原产地中南美太平洋海岸水域。是我国养殖量最大经济虾类，俗称"白虾"、"南美白对虾"，海鲜市场常见。

14. 鹰爪虾 *Trachypenaeus curvirostris* (Stimpson, 1860)

分类地位：软甲纲 Malacostraca, 十足目 Decapoda, 对虾科 Penaeidae。

形态特征：体长 60～100 mm，较粗短，重 4～5 g。甲壳厚，棕红色，表面粗糙不平。腹部弯曲时，状如"鹰爪"，故名鹰爪虾。额角上缘 7 齿，下缘无齿。雄性额角平直前伸，雌性额角末端向上弯曲。头胸甲触角刺具较短纵缝。尾节末端尖细，两侧有活动刺。雄性交接器呈"T"形。雌性交接器前板略呈半圆形，后板左右相合，前缘覆于中央板之上，其中部向后深凹。

图 5-14

生态习性：栖息于近海泥沙海底，昼伏夜出。经济虾类，除鲜食还可加工成虾米。

15. 刺螯鼓虾 *Alpheus hoplocheles*（Coutière，1897）

分类地位：软甲纲 Malacostraca，十足目 Decapoda，鼓虾科 Alpheidae。

形态特征：体长 23～40 mm。体呈棕红色或绿褐色，尾肢末半部深蓝色。额角短。额角后脊短而明显。尾节较宽，背面中央有窄而明显的纵沟。掌节内、外缘及可动指基部后方各有一极深的缺刻。小螯粗短，长度为宽的 3～4 倍，指节与掌部长度相等。

生态习性：近岸浅海种，栖息于潮间带至潮下带泥沙滩。

图 5 – 15

16. 普通黄道蟹 *Cancer pagurus*（Linnaeus，1758）

分类地位：软甲纲 Malacostraca，十足目 Decapoda，黄道蟹科 Cancridae。

形态特征：体型粗壮，壳坚厚，体表橙红色至红褐色，螯与步足尖端黑色。头胸甲圆形，表面密布细小的颗粒状突起，前缘两侧可见 8 处内陷皱褶。两眼相近，触须短小。

生态习性与经济意义：分布于大西洋东北部和东中部的潮下带至 100 米深海底。肉食性。俗称"面包蟹"，大型海鲜市场可见。

图 5 – 16

17. 疣面关公蟹 *Dorippe frascone*（Herbst，1785）

分类地位：软甲纲 Malacostraca，十足目 Decapoda，关公蟹科 Dorippidae。

形态特征：头胸甲长与宽约相等，赤褐色，背面分区明显，具疣状突起 16～17 个。额齿三角形。前侧缘具少数锯齿，最后 1 齿最大。雄螯不对称。第二及第三对足发达，用以爬行，第四及第五对足短小，转向背面，行走时常用以顶一贝壳，遮蔽身体。雄性第一腹肢粗壮，近末半部具浓密绒毛，末端具几丁质突起，弯向腹外方。

生态习性：栖息于 15～50 米水深的泥及沙质浅海底。

图 5 – 17

18. 鸭额玉蟹 *Leucosia anatum*（Herbst，1783）

分类地位：软甲纲 Malacostraca，十足目 Decapoda，玉蟹科 Leucosiidae。

形态特征：头胸甲长大于宽，呈斜方形，背部隆起呈半球状，分区不明显。额厚，不分齿，呈弧状突出。前侧缘短于后侧缘，近基部微凹。后侧缘珠粒终止于第二对步足基部上方。螯足壮大，长节多少呈三棱形，基部及前、后、腹缘具颗粒。雄性第一腹肢扭转 4～5 层。末端突出 1 角质化针棒形，弯向背后方。

生态习性：栖息于水深 10～80 米的粗沙及泥沙或具贝壳的海底。

图 5-18

19. 缪氏哲扇蟹 *Menippe rumphii*（Fabricius，1798）

分类地位：软甲纲 Malacostraca，十足目 Decapoda，哲扇蟹科 Menippidae。

形态特征：头胸甲宽 90 mm，呈横卵圆形，表面隆起，光滑。额分四叶，中央叶略突出。前侧缘浅凹分成四叶。螯足肿胀，不等称。体表棕红色，并杂有不规则网状花纹。双眼火红色。

生态习性：栖息于潮间带至水深 20 米的岩石底或沙底的石块区。嗜食各种薄壳贝类。

图 5-19

20. 逍遥馒头蟹 *Calappa philargius*（Linnaeus，1758）

分类地位：软甲纲 Malacostraca，十足目 Decapoda，馒头蟹科 Calappidae。

形态特征：头胸甲长 50 mm，宽 77 mm，壳坚厚，表面橙色，似馒头状，具 5 纵列疣状突起。前额两齿，前缘具 1 排粗糙颗粒，眼窝背缘后方各具 1 半环状的紫红色斑纹。前侧缘具 12 锯齿，后缘及后侧缘共具 15 三角形齿。螯足大，不对称，右螯较大，均靠近面部，腕节外面各具 1 红斑，掌节背缘具 7 齿，两螯指节形状不对称。

图 5-20

生态习性与经济意义：栖息于 30～100 米深的泥沙质海底。肉可食用，海鲜市场可见。

21. 拟穴青蟹 *Scylla paramamosin*（Estampador, 1949）

分类地位： 软甲纲 Malacostraca，十足目 Decapoda，梭子蟹科 Portunidae。

形态特征： 壳坚厚，体表棕绿色。头胸甲扇形，表面较光滑，可见"H"形凹痕。前侧齿钩状，一边各9枚，两眼间额部有钝齿4枚。触须短小。螯足各节膨圆，其上有尖刺。第四步足呈桨状。

生态习性与经济意义： 栖息于有大块岩石分布的河口、潮间带，活动能力强，肉食性。重要经济蟹类，俗称"青蟹"，水产市场常见。

图 5-21

22. 钝齿蟳 *Charybdis hellerii*（A. Milne-Edwards, 1867）

分类地位： 软甲纲 Malacostraca，十足目 Decapoda，梭子蟹科 Portunidae。

形态特征： 头胸甲表明光滑，仅在前侧齿基部之间及眼窝后部凹陷部位有少量绒毛。额6齿，前侧缘6齿。两螯粗壮，不等称。螯足长节前缘具3壮刺，腕节内末角具一大锐刺，外侧具3小刺。雄性第一腹肢末部细长，指向外侧方，末端逐渐趋细，外侧面具有为数众多的刺，内侧面具少量的短刺。

生态习性： 栖息于潮间带岩石岸的石块下、水草多的积水坑以及珊瑚礁丛中。

图 5-22

23. 日本蟳 *Charybdis japonica*（H. Milne-Edwards, 1861）

分类地位： 软甲纲 Malacostraca，十足目 Decapoda，梭子蟹科 Portunidae。

形态特征： 头胸甲长60 mm，宽90 mm，表面隆起。胃区常具微细的横行颗粒隆线。额稍突，分6锐齿。前侧缘拱起，具6锐齿。螯足壮大，不甚对称，长节前缘具3壮刺，腕节内末角具1壮刺，外侧面具3小刺，掌节厚，外、内面隆起，背面共具5齿，掌节外基部具1枚，背面两条隆脊上各具2枚，两指较掌节为长，表面有纵沟。雄性第一腹肢末部细长，弯指向外方，末端两侧均具刚毛。

生态习性与经济意义： 栖息于低潮线有水草或泥沙的水底，或潜伏于石块下。为可食用蟹类。

图 5-23

24. 锈斑蟳 *Charybdis feriatus* (Linnaeus, 1758)

分类地位：软甲纲 Malacostraca，十足目 Decapoda，梭子蟹科 Portunidae。

形态特征：头胸甲红棕色，表面光滑，具黄色条纹，中部前方有 1 黄色十字交叉纹。额角有棘刺，背甲光滑无颗粒。额具 6 齿；螯足红色并布有黄色斑纹，二指前端为深咖啡色。螯足较粗壮，左右对称；掌节背面具 4 棘；长节内侧缘具 3 锐棘。

图 5-24

生态习性与经济意义：近海暖水性海蟹，栖息于 10～70 米深的砂泥底质、岩礁海岸或珊瑚礁盘，杂食性。俗称"红蟹"，肉可食用，海鲜市场可见。

25. 晶莹蟳 *Charybdis lucifera* (Fabricius, 1798)

分类地位：软甲纲 Malacostraca，十足目 Decapoda，梭子蟹科 Portunidae。

形态特征：头胸甲紫色，具细微颗粒及横向行隆线，后部具 4 个淡黄色椭圆形斑点。额具 6 齿，中央 4 齿大小相近，外侧齿窄而尖锐；前侧缘具 6 齿，第一至第五齿逐渐增大，末齿最小，呈刺状。螯足表面棘及前侧缘齿尖端棕红色，二指前端黑色。

图 5-25

生态习性与经济意义：栖息于水深 5～100 米的沙泥或岩礁区海底。白天潜伏在海底，夜间活动觅食。杂食性，以鱼、虾、贝、藻为食。可食用，海鲜市场可见。

26. 远海梭子蟹 *Portunus pelagicus* (Linnaeus, 1766)

分类地位：软甲纲 Malacostraca，十足目 Decapoda，梭子蟹科 Portunidae。

形态特征：头胸甲宽约为长的 2 倍，梭形，表面具粗糙的颗粒，雌性颗粒较雄性显著。前额 4 齿，中间 1 对额齿较短小；前侧缘 9 齿，末齿最大，向两侧突出。雄性除螯足可动指与不可动指及各步足的前节、指节为深蓝色外，其余部位大都呈蓝绿色并布有浅蓝或白色斑点。雌性头胸甲前部为深绿色，后部布有黄棕色斑点；螯足前节腹面淡橙色，延伸至可动指及不可动指基部。

图 5-26

生态习性与经济意义：暖水性底栖蟹类，栖息于水深 10～30 米的泥砂质海底，俗称"花蟹"，可食用，海鲜水产市场可见。

27. 三疣梭子蟹 *Portunus trituberculatus*（Miers，1876）

分类地位：软甲纲 Malacostraca，十足目 Decapoda，梭子蟹科 Portunidae。

形态特征：头胸甲呈梭形，稍隆起，覆盖有细小的颗粒，具 2 条颗粒横向隆起及 3 个疣状突起。雄蟹背面茶绿色，雌蟹紫色。额缘具 4 小齿。前侧缘具 9 锐齿，末齿长刺状，向外突出。螯足发达，长节呈棱柱形，内缘具钝齿。

图 5-27

生态习性与经济意义：栖息于 7～100 米的泥沙质海底或水草间，幼体杂食性，成体趋向肉食性。俗称"冬蟹"，肉可食用，水产市场可见。

28. 红星梭子蟹 *Portunus sanguinolentus*（Herbst，1783）

分类地位：软甲纲 Malacostraca，十足目 Decapoda，梭子蟹科 Portunidae。

形态特征：壳坚厚，体表青灰色，足末端呈浅蓝色。头胸甲梭形，表面可见凹痕，近后缘有 3 白边黑心斑点，前额 4 枚钝齿，前侧缘 9 齿，最后 1 齿尖长。螯上有尖刺，指节有紫褐色斑块。第 4 步足为桨状。

图 5-28

生态习性与经济意义：栖息于 10～80 米深的泥沙质海底，杂食性。俗称"三点蟹"，可食用，水产市场可见。

29. 四齿大额蟹 *Metopograpsus quadridentatus*（Stimpson，1858）

分类地位：软甲纲 Malacostraca，十足目 Decapoda，方蟹科 Grapsidae。

形态特征：头胸甲近方形，表面光滑，绿褐色，有深绿色纵行条带，分区不甚明显，侧缘可见斜行的线纹。两眼间距大，前额可见 1 排颗粒突起，其后方有 4 叶隆起。眼窝外侧具两 2 齿。螯足近等大，其上有锯齿。

图 5-29

步足扁平，长节较宽，腕节具刚毛。雄性第一腹肢粗壮，末半部稍胀大，几丁质突起末端呈一平面状。

生态习性：栖息于潮间带岩礁间，常藏匿于石缝中，杂食性。

30. 宽额大额蟹 *Metopograpsus frontalis* (Miers, 1880)

分类地位：软甲纲 Malacostraca，十足目 Decapoda，方蟹科 Grapsidae。

形态特征：头胸甲近方形，表面较光滑，两侧具斜行隆线，分区可辨。额后隆脊分4叶，各叶表面具横行隆线。前侧缘无齿，两侧缘向后靠拢。螯足稍不对称。步足扁平，长节较宽，表面具横褶纹，腕节背面具隆脊，前缘具少数刚毛及小刺。雄性第一腹肢粗壮，末半部膨胀，几丁质末端突出如一叶片状的匙状。

图 5-30

生态习性：栖息于潮间带岩石缝中或碎石下。杂食性。

31. 中华中相手蟹 *Sesarmops sinensis* (H. Milne-Edwards, 1853)

分类地位：软甲纲 Malacostraca，十足目 Decapoda，相手蟹科 Sesarmindae。

形态特征：头胸甲方形，表面稍隆，分区明显。鳃区具斜行隆线。额宽，弯向下方。额后分4叶，隆起明显。外眼窝有1三角形齿。螯足掌节壮大，外侧面及腹面均有一些颗粒，内侧面有1纵列8～9个颗粒状突起。雄性第一腹肢粗壮，末端具1圆钝的角质突起。

图 5-31

生态习性：栖息于河口泥滩的岩礁间或红树林滩涂。杂食性。

32. 无齿螳臂相手蟹 *Chiromantes dehaani* (H. Milne-Edwards, 1853)

分类地位：软甲纲 Malacostraca，十足目 Decapoda，相手蟹科 Sesarmindae。

形态特征：头胸甲呈方形，分区明显，胃区及心区均隆起，肝区有两小块隆起，中鳃区具4～5条斜行隆线。额宽大于头胸甲宽的1/2之一，从背面观，其前缘中部具较宽的凹陷，额后部4个并立突起显著。外眼窝齿呈三角形，侧缘具光滑隆线，无齿。雄性螯足较雌性螯足大，指节较掌节长，可动指弯曲，背面具微细颗粒，两指间空隙小。雄性第一腹肢粗壮，末端角质突起扁矩形。

图 5-32

生态习性：穴居于近海淡水河流泥岸上或近岸沼泽中。为鼠类肺吸虫第二中间宿主。

33. 双齿近相手蟹 *Perisesarma bidens*（De Haan，1835）

分类地位： 软甲纲 Malacostraca，十足目 Decapoda，相手蟹科 Sesarmindae。

形态特征： 头胸甲方形，表面深褐色，可见棕色斑块和细小黑色斑点，分区不明显。前侧缘有 2 齿，后端具 4～5 条斜行的肋。螯足红褐色，腕节表面具皱襞，掌节外侧面具颗粒及皱襞，背面有 2 条斜行的梳齿状隆脊，

图 5-33

可动指背缘具 1 条隆脊，含 10～12 个疣状突起。步足长节宽，腕节、掌节和指节具刚毛。雄性第一腹肢挺直，末端角质突起向腹外放弯指。

生态习性： 栖息于河口泥滩岩礁间或红树林滩涂，能到离水较远的地方活动。杂食性。

34. 褶痕拟相手蟹 *Parasesarma plicatum*（Latreille，1806）

分类地位： 软甲纲 Malacostraca，十足目 Decapoda，相手蟹科 Sesarmindae。

形态特征： 头胸甲近方形，表面褐色，可见深褐色花纹，分区明显。前缘平直，侧缘可见 2～3 条褶痕。螯足红褐色，掌节厚而短，表明具颗粒，背面具 2 梳状栉，可动指背缘有 1 排颗粒突起，7～9 枚。步足长节较宽，腕节、前节与指节被短刚毛。雄性第一腹肢末端几丁质突起指向外方。

图 5-34

生态习性： 栖息于红树林泥滩或岩礁间。杂食性。

35. 斑点拟相手蟹 *Parasesarma pictum*（De Haan，1835）

分类地位： 软甲纲 Malacostraca，十足目 Decapoda，相手蟹科 Sesarmindae。

形态特征： 头胸甲近方形，表面扁平，前半部具短的横行颗粒隆线，胃、心区具"H"形沟，鳃区具斜行隆线。额弯向下方，中部凹入，额后部 4 叶明显。无前侧齿。螯足掌节厚而短，内外侧面均具颗粒，背面具 1～2 梳状栉和数条斜行颗粒隆线，雄螯可动

图 5-35

指背缘具一列 13～20 个卵圆形突起，雌螯仅 10 个颗粒状突起。雄性第一腹肢末端几丁质突起弯向背外方。

生态习性： 栖息于低潮线石块下或其附近。杂食性。

36. 平背蜞 *Gaetice depressus* (De Haan, 1835)

分类地位：软甲纲 Malacostraca，十足目 Decapoda，弓蟹科 Varunidae。

形态特征：头胸甲扁平，近方形，表面光滑。额宽稍小于头胸甲宽的 1/2，中部有较宽的凹陷，两侧凹陷较浅。前侧缘 3 齿，第一齿宽大，与第二齿之间有较深的缺刻，第二齿呈锐三角形，末齿小，各齿边缘均具颗粒。螯足对称，长节短，外侧面具微细颗粒，内侧面具稀少的绒毛，腹面光滑，近内腹缘末部具 1 发音隆脊。可动指内缘近基部处具 1 齿突，不动指内缘具数小齿。雄性第一腹肢细长，末端几丁质突起稍弯向背外方。

图 5 - 36

生活习性：栖息于低潮线石块下。

37. 绒毛近方蟹 *Hemigrapsus penicillatus* (De Haan, 1835)

分类地位：软甲纲 Malacostraca，十足目 Decapoda，弓蟹科 Varunidae。

形态特征：头胸甲近方形，表面具细凹点，前半部具颗粒，胃、心区之间具 "H" 形沟。额较宽，前缘中部凹陷，下眼窝隆脊的内侧面具 6～7 颗粒，外侧面具 3 钝齿状突起。前侧缘 3 齿，依次渐小。螯足雄比雌大，长节腹缘近末端处具 1 发音隆脊，掌节大，内、外面近两指的基部具 1 丛绒毛。雄性第一腹肢末端几丁质突起半圆形，稍弯向背外方。

图 5 - 37

生活习性：栖息于海边岩石石缝或河口泥滩。

38. 天津厚蟹 *Helice tientsinensis* (Rathbun, 1931)

分类地位：软甲纲 Malacostraca，十足目 Decapoda，弓蟹科 Varunidae。

形态特征：头胸甲长 26.5 mm，宽 32.4 mm，呈四方形，宽度稍大于长度，表面隆起具凹点，分区明显。前侧缘 3 齿，第一齿大，呈三角形，第二齿较小而锐，第三齿很小，第二、三两齿的基部各有 1 条颗粒隆线，向内后方斜行，雄性眼窝下腹缘隆线中部膨大，由 5～6 颗光滑的突起组成，内侧具 10～15 个颗粒，愈至内端愈小，外侧具 20～29 个颗粒，愈至外端愈小，雌性眼窝下腹缘隆线在中部并不膨大，具 34～39 个细颗粒，最内面 4 个较延长。雄性第一腹肢末端向背内方弯指，呈角形几丁质突起。

图 5 - 38

生活习性：穴居于河口泥滩或通海河流的泥岸上。

39. 秉氏厚蟹 *Helice pingi*（Rathbun，1931）

分类地位： 软甲纲 Malacostraca，十足目 Decapoda，弓蟹科 Varunidae。

形态特征： 头胸甲近方形，表面光滑，灰褐色，分区明显。额部稍向下倾斜，中具宽沟，约分2叶。侧缘4齿。眼窝下方隆脊上有数枚颗粒突起。螯足掌节光滑，长节腹缘内侧末部具1纵行隆脊。步足细长，第一步足可见短绒毛。雄性第一腹肢近末端具1内叶，末端几丁质突起弯向背下方。

图 5-39

生活习性： 栖息于潮间带泥滩或岩礁间，杂食性。

40. 隆背张口蟹 *Chasmagnathus convexus*（Be Haan，1835）

分类地位： 软甲纲 Malacostraca，十足目 Decapoda，弓蟹科 Varunidae。

形态特征： 头胸甲长 24 mm，宽 31.5 mm，呈横长方形，表面自前向后隆起，覆以短绒毛，分区可辨，胃、心区有横沟相隔。额宽不及头胸甲宽的1/2，呈半圆形，向下弯曲，额区中部低洼，形成1纵沟，向后延伸至胃区，然后向两旁分开。上眼缘和前侧缘均隆起，前侧缘3齿，齿间缺刻很深。

图 5-40

下眼缘脊中段具3~4颗光滑疣状突起，外侧具5颗较小突起，内侧光滑。雄性第一腹肢粗壮，末端内腹面隆起圆钝，弯向背外方。

生活习性： 穴居于河口附近的草泽周缘，田埂间、红树林沼泽及土堤边。

41. 字纹弓蟹 *Varuna litterata*（Fabricius，1798）

分类地位： 软甲纲 Malacostraca，十足目 Decapoda，弓蟹科 Varunidae。

形态特征： 体扁平，壳深褐色。头胸甲近方形，分区凹痕明显。触须细长。前侧缘3齿。螯足左右等大，雄性螯足一般大于雌性。螯足表面光滑。步足扁平，长节有2小齿，前节及指节之后缘密生软毛。雄性第一腹肢粗壮，两端分为2圆钝裂片。

图 5-41

生态习性： 栖息于河口半咸水地区，也可活动于离河口不远的淡水中，有时可攀爬在海边漂浮的木材上。

42. 圆球股窗蟹 *Scopimera globosa* (De Haan 1835)

分类地位：软甲纲 Malacostraca，十足目 Decapoda，毛带蟹科 Dotillidae。

形态特征：头胸甲长 8.5 mm，宽 11.3 mm，呈球形，表面隆起，除有较宽而光滑的心区外，其他部分具分散颗粒，鳃区颗粒较密集。额窄，向下弯。眼窝大，外眼窝齿呈三角形。侧缘锐，在外眼窝齿后稍内凹。雄螯长节外侧面有 1 长卵形鼓膜，内侧面鼓膜较大，腹面密具颗粒，指节较掌节长，两指内缘除末部外均具细齿。第一至第四对步足依次逐渐趋短，具微细颗粒及黑色坚硬的长刚毛，后缘尤密。雄性第一腹肢弯向背方，末端圆钝，内侧缘具 1 列排成扇形的长刺。

图 5-42

生态习性：常穴居于潮间带泥沙滩上。

43. 角眼切腹蟹 *Tmethypocoelis ceratophora* (Koelbel, 1897)

分类地位：软甲纲 Malacostraca，十足目 Decapoda，毛带蟹科 Dotillidae。

形态特征：头胸甲长 4 mm，宽 7.5 mm，近方形，灰白色底纹布满褐色花瓣，分区明显。额窄，仅为头胸甲前缘宽度的 1/5。前侧缘两齿。眼近球形，褐色至红褐色，柄长，上有 1 角状突起。螯足壮大，指节近白色，有时为浅蓝色。腹足各节具刚毛。雄性第一腹肢纤细，末端具 6 壮棘。

图 5-43

生态习性：多群居于河口附近咸淡水的细沙滩或红树林。常摆动双螯，似"切腹"动作。杂食性。

44. 隆背大眼蟹 *Macrophthalamus convexus* (Stimpson 1858)

分类地位：软甲纲 Malacostraca，十足目 Decapoda，大眼蟹科 Macrophthalmidae。

形态特征：头胸甲宽为长的 1.8～1.9 倍。后胃区具"H"形细沟。鳃区具 2 横行细沟，后鳃区具 1 纵行颗粒群。额部稍向下弯，表面中央具 1 纵沟。前侧缘 3 齿，第三齿不明显。螯足可动指内缘基部具 1 钝齿，不动指中部具 1 三角形突齿。雄性第一腹肢末端角质突起趋窄，指向背外方，背内侧具拇指状突起。

图 5-44

生态习性：栖息于内海沿岸或河口处的泥滩或泥沙滩上。

45. 长腕和尚蟹 *Mictyris longicarpus*（Latreille，1806）

分类地位：软甲纲 Malacostraca，十足目 Decapoda，和尚蟹科 Mictyridae。

形态特征：头胸甲球形，表面甚隆，光滑，灰色至浅蓝色，可见凹痕。眼柄较细长。足半透明，灰白色，表面可见细毛。螯足对称，指节、腕节弯曲状。腹足修长，略呈辐射状排布。雄性第一腹肢细小，直立，末端弯向背外方。

图 5-45

生态习性：栖息于河口或红树林滩涂。

46. 痕掌沙蟹 *Ocypode stimpsoni*（Ortmann，1897）

分类地位：软甲纲 Malacostraca，十足目 Decapoda，沙蟹科 Ocypodidae。

形态特征：头胸甲宽稍大于长，呈方形，表面甚隆，密布颗粒。胃区两旁有细纵沟。心区呈六角形。额窄，向下弯曲。眼窝大而深，眼无角状突起。内、外眼窝齿锐而突。后侧方具1斜行颗粒隆线。两性螯足均不对称，大螯掌节扁平，内侧面末部具一与掌节垂直的刻有横纹的发声隆脊，两指内缘均具锯齿。步足以第二对为最长，除指节外，每对步足各节均有颗粒及皱襞。雄性第一腹肢细长，末端向外侧弯指。

图 5-46

生态习性：穴居于高潮线的沙滩上，穴道斜而深，外有扇形泥粪。体色与沙相似，不易分辨，受惊后迅速遁入洞中。白天常隐匿洞中，偶尔离洞后，则在沙岸上奔跑或休息，行动极为敏捷。

47. 角眼沙蟹 *Ocypode ceratophthalmus*（Pallas，1772）

分类地位：软甲纲 Malacostraca，十足目 Decapoda，沙蟹科 Ocypodidae。

形态特征：头胸甲方形，褐色，表面密布细小颗粒，隐约可见分区。眼窝宽大，菱形。眼椭球形，灰白色，半透明状，眼上端具1长角状突起。两螯足形态相近，大小不一，腕节及掌节具颗粒，掌节具刚毛。腹足长节较宽，边缘处有细齿。指节尖长。雄性第一腹肢细长，末端向外侧弯指。

图 5-47

生态习性：穴居于潮间带沙滩上，退潮时出穴觅食，行动敏捷。杂食性，捕食其他小型蟹类等动物，亦滤食有机碎屑。

48. 弧边招潮蟹 *Uca arcuata*（De Haan，1835）

分类地位：软甲纲 Malacostraca，十足目 Decapoda，沙蟹科 Ocypodidae。

形态特征：头胸甲表面光滑，红褐色至褐色。背部斑纹个体差异较大。眼窝、眼柄均细长。雄性螯足不对称，一侧螯足较发达，指节表面密布细小颗粒，不动指与可动指内缘各有 2~3 枚尖齿，另一侧螯足细小。腹足长节较宽，指节尖长。雄性第一腹肢稍弯向背方，末端圆钝，背外方具 2 角质突齿。

图 5-48

生态习性：栖息于红树林滩涂，喜群居。行动敏捷。遇敌害或涨潮时躲于自己挖的或者其他招潮蟹挖的洞穴内，退潮时出洞觅食。多以藻类为食，也能从泥沙中滤食有机碎屑。雄性以挥舞螯足的姿势吸引雌性交配。

49. 北方凹指招潮蟹 *Uca vocans borealis*（Crane，1975）

分类地位：软甲纲 Malacostraca，十足目 Decapoda，沙蟹科 Ocypodidae。

形态特征：头胸甲表面隆起，光滑，深褐色。胃、心区"H"形沟明显。额窄，前侧缘短，后侧缘不明显。雄性掌节外侧面密布粗糙颗粒，可动指外侧光滑，不可动指外侧面基部宽大的凹陷向末端延伸成大沟槽。两指咬合缘各具不等大颗粒齿。雄性第一腹肢末端具 1 扁平角质突起，内叶指状突出明显。

图 5-49

生态习性与经济意义：栖息于泥沙或沙泥的低潮线处以及近河口处开阔泥滩。

50. 清白招潮蟹 *Uca lactea*（De Haan，1835）

分类地位：软甲纲 Malacostraca，十足目 Decapoda，沙蟹科 Ocypodidae。

形态特征：头胸甲长 10 mm，宽 16.5 mm，呈横圆柱形，表面常为白色，自前至后隆起。额占头胸甲宽度的 1/7。大螯长节内缘具细齿，尤以末端的较锐，腕节内末角具一小齿，掌节背缘有颗粒，外侧面光滑，内侧面有 2 条颗粒隆线，1 条靠近末缘，延续到不动指的内缘，

图 5-50

另 1 条斜行于较下面的中部，两指侧扁，合并时中间有一大空隙，内缘通常无齿，但有时在中部各具一齿，在此齿之后各具 1 列细齿，在不动指内缘末部有时凸起。

生态习性：栖息于热带亚热带海岸潮间带滩涂，穴居生活，常有专一的洞穴，但每隔几天即会更换。

第 6 章　滨海习见鱼类图谱

6.1　鱼类的主要分类特征

鱼类的主要分类特征，可分为可数性状和可量性状。前者如第一鳃弓上附的外鳃耙数、背鳍和臀鳍鳍条数、侧线鳞等；后者是依据体长、体高、头长、吻长、眼径、尾柄长、尾柄高等的长度，计算它们的体长与体高、体长与头长、头长与吻长、头长与眼径、尾柄长与尾柄高等等比值，从而可以反映该鱼的体型特征（图6-a）。

鱼类的身体区分为头部、躯干部和尾部。头部与躯干部的分界：①在圆口类和板鳃类等没有鳃盖的种类，以最后一对鳃裂为界。②具有鳃盖的硬骨鱼类等，以鳃盖骨的后缘（不包括鳃盖膜）为界。躯干部与尾部的分界。①一般以肛门或尿殖孔的后缘为界限。②有些鱼类的肛门特别移向身体前方，则以体腔末端或最前一枚具脉弓的尾椎骨为界。

鱼类部分可量性状（图6-a）：①全长：自吻端至尾鳍末端的长度（A-H）；②体长：自吻端至尾鳍基部的长度（A-G）；③体高：躯干部最高处的垂直高度（I-J）；④头长：由吻端至鳃盖骨后缘的长度（A-D）；⑤躯干长：由鳃盖后缘到肛门的长度（D-M）；⑥尾柄长：由肛门至最后一个椎骨的长度（M-G）；⑦吻长：由上颌前端至眼前缘的长度（A-B）；⑧眼径：眼眶的前缘至后缘的垂直距离（B-C）；⑨眼间距：两眼间的垂直距离；⑩口裂长：吻端至口角的长度；⑪眼后头长：眼眶后缘至鳃盖骨后缘的长度（C-D）；⑫尾柄长：臀鳍基部后端至尾鳍基部的长度（F-G）；⑬尾柄高：尾柄最低处的垂直高度（K-L）；⑭背鳍基长：从背鳍起点到背鳍基部末端的直线长度（E-F）；⑮臀鳍基长：从臀鳍起点到臀鳍基部末端的直线长度（M-F）。

图6-a　鱼体的可量性状

6.2 习见鱼类

1. 斑鰶 *Clupanodon punctatus*（Temminck & Schlegel，1846）

分类地位：硬骨鱼纲 Osteichthyes，鲱形目 Clupeiformes，鲱科 Clupeiformes。

形态特征：体呈长卵圆形，侧扁，银灰色。口小，无牙。背鳍1，最后1枚鳍条显著延长成丝状；腹鳍腹位；腹缘具锯齿状的棱鳞，背鳍前无棱鳞。胸鳍基底低；胸鳍上方有1个黑斑。臀鳍

图6-1

起点于背鳍基底后方；尾鳍深叉。头中大。吻短而钝。眼侧位，脂性眼睑发达；口下位。鳃盖光滑，后上方具1大黑斑。体被较小圆鳞；体背部绿褐色，体侧下方和腹部银白色。背鳍、胸鳍、尾鳍淡黄色；余鳍淡色。

生态习性与经济意义：为暖水性浅海鱼类，常群居于沿海港湾和河口附近，喜游于水面。适盐范围较广。主要以浮游植物为食，也食浮游动物和底栖生物。分布于印度到东印度群岛、朝鲜及日本南部，中国沿海均有分布。肉质细嫩，含脂量高。

2. 黄鲫 *Setipinna taty*（Valenciennes，1848）

分类地位：硬骨鱼纲 Osteichthyes，鲱形目 Clupeiformes，鳀科 Engraulidae。

形态特征：体扁薄，背缘稍隆起。头短小、眼小。吻突出，口裂大而倾斜。上颌稍长于下颌，两颌、犁骨、腭骨和舌上均有细牙、体被薄圆鳞，腹缘

图6-2

有棱鳞，无侧线、胸鳍位低，接近腹缘，第一鳍条延长为丝状，背鳍前方有一小刺，臀鳍长，尾鳍叉形，不与臀鳍相连。吻和头侧中部呈淡黄色，体背是青绿色，体侧为银白色。背络、胸鳍和尾鳍均为黄色，臀鳍浅黄色。

生态习性与经济意义：栖息于水深4~13米以内淤泥底质，水流较缓的浅海区。肉食性，主要摄食浮游甲壳类，还摄食箭虫，鱼卵，水母等。卵浮性，球形。有洄游特性。分布于印度洋和太平洋。

3. 长颌棱鳀 *Thryssa setirostris*（Broussonet，1782）

分类地位：硬骨鱼纲 Osteichthyes，鲱形目 Clupeiformes，鳀科 Engraulidae。

形态特征：体甚侧扁，腹部在腹鳍前后有1排棱鳞。头略小，侧扁。吻钝，吻长

明显短于眼径。口大倾斜，上颌骨末端尖且延长，可达胸鳍之尖端。体被圆鳞，鳞中大，易脱落，无侧线。背鳍前方具1小棘，胸、腹鳍具腋鳞。背鳍起始于体中部；尾鳍叉形。体背部青灰色，具暗灰色带，侧面银白色；鳃盖后上角具一黄绿色斑。背鳍、胸鳍及尾鳍黄色或淡黄色；腹鳍及臀鳍淡色。

图6-3

生态习性：沿近海表层鱼类，虑食性，以浮游动物为主，辅以多毛类、端脚类于河口区及内湾区常见。分布于印度洋和太平洋。中国见于南海和东海。

4．赤鼻梭鳀 *Thryssa kammalensis*（Bleeker，1849）

分类地位：硬骨鱼纲 Osteichthyes，鲱形目 Clupeiformes，鳀科 Engraulidae。

形态特征：体侧甚扁，腹部有1排棱鳞。头略小，侧扁。吻钝，吻长明显短于眼径。口大倾斜；上颌骨末端尖但

图6-4

短，仅达前鳃盖骨后缘。体被圆鳞，鳞中大，易脱落，无侧线；背鳍前方具1小棘，胸、腹鳍具腋鳞。背鳍起始于体中部；尾鳍叉形。体背部青灰色，具暗灰色带，侧面银白色；吻常为赤红色。背鳍、胸鳍及尾鳍黄色或淡黄色；腹鳍及臀鳍淡色。

生态习性：沿近海表层鱼类，虑食性，以浮游动物为主，辅以多毛类、端脚类。分布于印度至西太平洋。

5．长蛇鲻 *Saurida elongate*（Temminck & Schlegel，1846）

分类地位：硬骨鱼 Osteichthyes，灯笼鱼目 Myctophiformes，狗母鱼科 Synodontidae。

形态特征：体长，呈圆筒状。头略平扁，口大，吻尖，上颌骨末端伸于眼

图6-5

后，2组腭齿。体被较小圆鳞。体背侧棕色，腹部白色，侧线发达平直，侧线鳞明显突出。背鳍1个，腹鳍腹位，位于吻端和脂鳍的中间；胸鳍基底高，脂鳍很小，胸鳍后端不达腹鳍起点；臀鳍小于背鳍；尾鲁深叉形。背、腹、尾鳍均呈浅棕色，胸鳍及尾鳍下叶呈灰黑色。

生态习性：温水性近海底栖鱼类。喜栖息在泥和泥沙底质的海区。分布于中国沿海、朝鲜、日本。

6．大头狗母鱼 *Trachinocephalus myops*（Forster，1801）

分类地位：硬骨鱼纲 Osteichthyes，灯笼鱼目 Myctophiformes，狗母鱼科 Synodontidae。

形态特征：体长圆形瘦长。口裂大。吻短而钝，其长短于眼径。上颌骨末端远延伸至眼后方，下颌略长于上颌；两颌齿多列。体及头部被圆鳞；颊部及鳃盖皆被鳞。有脂鳍；臀鳍与脂鳍相对；胸鳍短，末端不延伸至腹鳍起点与背鳍起点之联机；尾鳍叉形，上叶等长与下叶。体侧背部呈淡黄色，腹部呈白色，体侧有数列青蓝色的纵带；鳃盖后上缘具 1 暗褐色斜斑。

图 6-6

生态习性：栖息于岩礁或珊瑚礁区外砂泥底质海域。肉食性，常将身体埋入砂泥地中，只露出眼睛，掠食游经其上的小鱼。分布于中国东海和南海、大西洋、印度洋，以及太平洋等温带和热带海区。

7. 杂斑狗母鱼 *Synodus variegatus*（Lacepède，1803）

分类地位：硬骨鱼纲 Osteichthyes，灯笼鱼目 Myctophiformes，狗母鱼科 Synodontidae。

形态特征：体细长，体长 73～300 mm 稍侧扁，尾部稍细。头稍扁。吻端

图 6-7

尖，吻长于眼径。眼小，侧上位，靠近头背缘。口前位，口裂超过眼后缘。上颌稍长于下颌。两颌具犬牙。鳃孔大。鳃耙小似细针尖状。体被圆鳞。背鳍起点至吻端距大于脂鳍起点的距离。吻部背面常有 3 对黑点。体呈白里透橘黄色，身上横带深褐棕色，腹部银白色，斑点淡橘黄色。

生态习性：系海洋底层鱼类，常生活在暗礁、砂底等水域。以小鱼和小虾为食。分布于中国东海和南海、日本，以及太平洋、印度洋的暖海海域。

8. 龙头鱼 *Harpodon nehreus*（Hamilton，1822）

分类地位：硬骨鱼纲 Osteichthyes，灯笼鱼目 Myctophiformes，龙头鱼科 Harpodontidae。

生态特征：体长而侧扁。眼很小，前位、口裂甚大、颌齿密生。体柔软，

图 6-8

大部分光滑无鳞，唯侧线上有 1 行较大的鳞直抵尾叉。头及背面浅棕色，腹部乳白色，侧线发达，从头盖骨直达尾鳍叉中央。背鳍 1 个，仅有鳍条，无鳍棘，背鳍后有 1 小脂鳍；尾鳍三叉形，中叶较短。

生态习性：生活于暖温性海洋的中下层。运动能力不强。常栖息于浅海泥底的环境中。分布于中国南海、东海及黄海南部。

9. 日本鳗鲡 *Anguilla japonica* (Temminck & Schlegel, 1846)

分类地位： 硬骨鱼纲 Osteichthyes，鳗鲡目 Anguilliformes，鳗鲡科 Anguillidae。

形态特征： 体长呈蛇状，头狭小。背鳍起始位置较后，比起鳃孔更接近肛门；椎骨数 112～119。背鳍和臀鳍基地很长，与尾鳍相连。仔鱼薄又透明像片叶子一般，称为叶状幼体；从产卵场

图 6-9

漂回黑潮海流再流回台湾的海边大概要半年之久，在抵达岸边前一个月才开始变态为身体细长透明的鳗线，又称为玻璃鱼。

生态习性： 一种降河性洄游鱼类。它们在江河湖泊中生长、发育，往往昼伏夜出，喜欢流水、弱光、穴居，具有很强的溯水能力，其潜逃能力也很强。分布于马来半岛、朝鲜及日本、中国沿海和四川境内的长江干流，以及菲律宾群岛等地的淡水溪流中。海南岛、台湾和中国东北地区等处均有分布。

10. 匀斑裸胸鳝 *Gymnothorax reevesi* (Richardson, 1845)

分类地位： 硬骨鱼纲 Osteichthyes，鳗鲡目 Anguilliformes，海鳝科 Muraenidae。

形态地位： 体延长而呈圆柱状，尾部侧扁。吻短而钝；颌齿单列，颌间齿为 2～3 个可倒伏的尖牙。椎骨数 125～

图 6-10

128。小鱼体暗褐色，略带红紫，成鱼体色由黄褐色至红褐色。体无侧线，无胸鳍；背鳍起始位置比较靠前；颌部无黑斑，体侧有 3 行纵行斑，前后鼻孔黄白色。

生态习性： 主要栖息于礁石海岸区。以鱼类为主食，偶食甲壳类。分布于西太平洋沿岸如中国沿海及日本琉球海区。

11. 鳗鲶 *Plotosus anguillaris* (Thunberg, 1787)

分类地位： 硬骨鱼纲 Osteichthyes，鲶形目 Siluriformes，鳗鲶科 Plotosidae。

形态特征： 鱼体延长，头部略平扁，腹部圆，后半部侧扁，尾尖如鳗尾。头中大，吻部略尖，口部附近具有 4 对须。体表无鳞。第一背鳍短，前有坚强之硬棘；第二背鳍起于胸鳍基底后

图 6-11

方并与臀鳍、尾鳍连续相接，皆为软条；胸鳍位头部正后方，上缘具数枚锐利的硬棘。背鳍及胸鳍之第一根为具毒腺之硬棘，其毒刺所分泌的毒液含有鳗鲶神经毒和鳗鲶溶血毒，一旦被刺到，会引起长达数十小时抽痛、痉挛及麻痹等症状，甚至引起破伤风。体背侧棕灰色，体侧中央有两条黄色纵带，奇鳍之外缘黑色。

生态习性： 生活于1～60米海域，栖息在礁沙混合区或沙泥地，对环境及水质的适应力极强，属广盐性鱼类。性凶猛，白天常躲於礁洞中，遇危险则聚集成"鲶球"。肉食性，以小鱼及小型甲壳类为主。夜习性。分布于印度太平洋区，包括东非、红海、萨摩亚、韩国、日本、中国南海、澳大利亚、罗得豪岛等海域。

12. 鱵 *Hemiramphus far*（Forsskål, 1775）

分类地位： 硬骨鱼 Osteichthyes, 颌针鱼目 Beloniformes, 鱵科 Hemiramphidae。

图 6-12

形态特征： 体细长，略呈圆柱形，长16～24 cm。头长尖，顶部及两侧面较平。眼较大。口小，下颌突出，左右前上颌骨于内端形成一个扩大三角区（高小于底边），鳃孔宽，鳃盖膜不与颊部相连。侧线很低，位于体两侧近腹缘，背鳍起点极靠后，腹鳍距尾鳍较距胸鳍近，背缘微凸，位于体后与臀鳍相对。胸鳍短宽。腹鳍小。尾鳍叉状，体银白色，头部及上下颌皆呈黑色，下颌喙尖端鲜红色。体背暗绿色，中央自后头部起有1较宽的绿黑色线条。体侧各有1银灰色纵带。

生态习性： 栖息于近海、河口的中上层，也进入淡水，主食绿藻、浮游生物及小甲壳等动物。分布于中国的黄海、东海及长江等各大河口。

13. 鲻鱼 *Mugil cephalus*（Linnaeus, 1758）

分类地位： 硬骨鱼纲 Osteichthyes, 鲻形目 Mugiliformes, 鲻科 Mugilidae。

形态特征： 体前部略呈圆筒形，后部侧扁，头部平扁，吻宽而短。背部黑绿色，腹部白色，鳞片圆形，无侧线。全身被圆鳞，眼大、眼睑发达。牙细小

图 6-13

成绒毛状，生于上下颌的边缘。背鳍两个，臀鳍有8根鳍条，尾鳍深叉形。

生态习性： 鲻鱼是温热带浅海中上层经济鱼类，生活于浅海及河口咸水、淡水交界处，喜食泥表的硅藻等生物。广泛分布于大西洋、印度洋和太平洋，是世界各地港养主要鱼类，为常见的食用鱼，肉味鲜美。

14. 油䱛 *Sphyraena pinguis*（Günther, 1874）

分类地位： 硬骨鱼纲 Osteichthyes, 鲻形目 Mugiliformes, 䱛科 Sphyraenidae。

形态特征：体延长，强健，下腭突出，口大且具许鲜多大的尖牙。第一背鳍和第二背鳍是分开的且相距远。胸鳍亚胸位，起点前与第一背鳍起点。胸鳍末端超过腹鳍基部。侧线鳞 88～92 枚。

图 6-14

生态习性：遍布于热带区，有些也分布于较温暖的地区。主要猎食鲻、鳀、石鲈等较小的鱼类。分布于大西洋、加勒比海和西太平洋。

15．四指马鲅 *Eleutheronema tetradactylum*（Shaw，1804）

分类地位：硬骨鱼纲 Osteichthyes，鲻形目 Mugiliformes，马鲅科 Polynemidae。

形态特征：体延长，略侧扁，脂性眼睑发达，口大，下位，吻圆钝、上颌长于下颌，两颌牙细小成绒毛状并延伸

图 6-15

至颌的外侧，只在口角具唇。体被大而薄的栉鳞，体背部灰褐色，腹部乳白色，有 2 个分离背鳍，腹鳍亚胸位，胸鳍下部有 4 根游离鳍条，其长度约与胸鳍鳍条相等，因而得名"四指马鲅"。尾鳍深叉形、背鳍、胸鳍和尾鳍均呈灰色、边缘浅黑色。

生态习性：热带及温带的海产鱼类，有时也进入淡水。分布于印度洋和太平洋西部，中国沿海均产之，以南方为多。

16．六指马鲅 *Polynemus sextarius*（Bloch & Schneider，1801）

分类地位：硬骨鱼 Osteichthyes，鲻形目 mullet，马鲅科 Polynemidae。

形态特征：体侧扁。口大，下位，上下颌两侧均有牙齿。眼较大，长于吻长；脂性眼睑发达。体被栉鳞。侧线直，且向后方缓慢倾斜。有 2 个分离背

图 6-16

鳍，腹鳍亚胸位，胸鳍下部有 6 根游离鳍条，胸鳍短于头长，下侧位，上部胸鳍条大部分分叉，侧线始部体侧有 1 黑斑；尾鳍深叉，上下叶不延长如丝。体背部呈灰绿色，体侧银白；各鳍灰色而略带黄色。

生态习性：主要栖息于河口、港湾，红树林等海域砂泥底浑浊水域。群栖性，常成群洄游，以浮游动物或砂泥地中的软体动物为食。分布于中国南海和东海，及非洲东部、印度、斯里兰卡、泰国、印度尼西亚。

17．斜带石斑鱼 *Epinephelus coioides*（Hamilton，1822）

分类地位：硬骨鱼纲 Osteichthyes，鲈形目 Perciformes，鮨科 Serranidae。

形态特征：体长椭圆形，稍侧扁而粗壮，头背部斜直，眶间骨或平坦或有稍微凸起，前鳃盖骨后缘有棘。上颌与眼后边缘处在同一垂直或者稍微倾斜的方向上，具2背鳍，第1背鳍为鳍棘，第2背鳍为鳍条，背鳍鳍棘11条，棘间膜有明显缺刻；臀鳍有三根鳍棘，胸鳍圆形；尾鳍圆形。体后侧有栉鳞；头和身体背部呈黄棕色，腹侧发白；身上有5条不明显的不规则的倾斜深条纹；在间鳃盖骨上有两个深色点。体表有褐色斑点。

图 6-17

生态习性：常栖息于大陆沿岸和大岛屿。主要分布于红海，最远可南至德班（南非），东至帕劳群岛和斐济群岛，北至琉球群岛（日本），向南又可抵阿拉弗拉海，向北到澳大利亚。

18. 横带九棘鲈 *Cephalopholis boenak*（Bloch，1790）

分类地位：硬骨鱼纲 Osteichthyes，鲈形目 Perciformes，鮨科 Serranidae。

形态特征：具2背鳍，第1背鳍为鳍棘，第2背鳍为鳍条，背鳍鳍棘9条，体色呈暗褐色（偶尔呈暗红褐色）；体侧通常具有7～8条暗色横带；一些鱼头部具有从眼睛辐射出去的深褐色条纹；上鳃盖棘及中鳃盖棘间具有1黑斑；背鳍鳍条部、臀鳍及尾鳍到末端颜色渐深，具有淡蓝色缘（尾鳍中央除外）。

图 6-18

生态习性：主要栖息在热带珊瑚礁中，为热带沿岸性鱼类，个体一般不大，主要以鱼类、甲壳类为食。广泛分布于印度-西太平洋区。

19. 花鲈 *Lateolabrax japonicus*（Cuvier，1828）

分类地位：硬骨鱼纲 Osteichthyes，鲈形目 Perciformes，鮨科 Serranidae。

形态特征：体长，侧扁，背腹面皆钝圆；头中等大，略尖。吻尖，口大，端位，上颌伸达眼后缘下方。两颌、犁骨及口盖骨均具细小牙齿。前腮盖骨的后缘有细锯齿，其后角下缘有3个大刺，后鳃盖骨后端具1个刺。鳞小，侧线完全、平直。背鳍两个，仅在基部相连，第1背鳍为鳍棘，11条；第2背鳍为鳍条，12～14条，腹鳍胸位。体背部灰色，两侧及腹部银灰。体侧上部及背鳍有黑色斑点。

图 6-19

生态习性：鲈鱼喜欢栖息于河口咸淡水处，亦能生活于淡水中生活。主要在水的中、下层游弋，有时也潜入底层觅食。鱼苗以浮游动物为食，幼鱼以虾类为主食，成鱼则以鱼类为主食。分布于东亚的中国、朝鲜及日本。

20. 双带黄鲈 *Diploprion bifasciatum* （Cuvier，1828）

分类地位： 硬骨鱼纲 Osteichthyes，鲈形目 Perciformes，鮨科 Serranidae。

形态特征： 头背部斜直，吻略钝圆。前鳃盖后缘锯齿状。体被细小栉鳞。背鳍连续，尾鳍圆形。体前半部淡黄色，后半部黄色，体侧有两条暗灰色宽横带，其中1条在头部，另1条在体中部。除背鳍硬棘部暗色，腹鳍具黑缘外，各鳍为黄色。

图 6-20

生态习性： 主要栖息于珊瑚礁或岩礁之洞穴或缝隙中，白天会在礁区外围的砂泥地上活动。

分布于印度-西太平洋区，由马尔代夫至巴布新几内亚，北至日本，南至澳大利亚。

21. 长尾大眼鲷 *Priacanthus tayenus* （Richardson，1846）

分类地位： 硬骨鱼纲 Osteichthyes，鲈形目 Perciformes，大眼鲷科 Priacanthidae。

形态特征： 体稍延长，侧扁；吻短；眼大；口大，向上倾斜；下颌稍长于上颌，向前方突出；牙细小，圆锥

图 6-21

形；前鳃盖偶角处有一个带锯齿缘的强大棘；体被栉鳞，细小而粗糙，坚固不易脱落；侧线完全；背鳍鳍棘向后逐渐增长；背鳍鳍条部与臀鳍同型；胸鳍短小，腹鳍长大，鳍膜间有黑色斑点；尾鳍上下叶向后呈丝状延长。

生态习性： 大眼鲷为暖水性底层鱼类，通常栖息于底质为沙泥、水深25～75 m的海区。游泳缓慢，不作长距离洄游。食物主要为长尾类、桡足类和端足类等。分布于西太平洋、热带及亚热带海域，自印度尼西亚到日本；中国主要产于南海和东海南部。

22. 短尾大眼鲷 *Priacanthus macracanthus* （Cuvier，1829）

分类地位： 硬骨鱼纲 Osteichthyes，鲈形目 Perciformes，大眼鲷科 Priacanthidae。

形态特征： 体为长椭圆形，侧扁，体长大于体高的2倍。吻短，眼甚大，约占头长的一半。口大而倾斜上翘。前腮盖骨边缘有细锯齿，隅角处有1强棘。两颌、犁

骨、颚骨有牙皆细。体被细小而粗糙的栉鳞，鳞片坚固不易脱落。侧线位高与背线平行、背鳍与臀鳍均长而大，胸鳍较短，尾鳍线凹形。背鳍、臀鳍、腹鳍浅红色；背鳍、臀鳍及腹鳍鳍膜间均有黄色斑点。尾鳍上下叶边缘鳍条不呈丝状延长。

图 6-22

生态习性：短尾大眼鲷为暖水性中小型近底层鱼类，基本不作长距离洄游，主要栖息水深 80～120 米，以 100 米海区较集中。具有昼沉夜浮习性。喜集群，但不集大群。杂食性，主要食物为底栖动物、头足类、浮游甲壳类。分布于印度洋和太平洋，在中国南海及东海南部、北部湾全年均产。

23. 细条天竺鲷 *Apogon lineatus*（Temminck & Schlegel，1842）

分类地位：硬骨鱼纲 Osteichthyes，鲈形目 Perciformes，天竺鲷科 Apogonidae。

形态特征：体延长，长椭圆形，体稍侧扁、头大、眼大、吻短。眼大，眼间隔约等于眼径。两颌齿绒毛带状，犁

图 6-23

骨与腭骨亦具绒毛齿。前鳃盖骨边缘光滑或具锯齿，鳃盖骨后缘棘不发达。体被弱栉鳞，鳞较大，易脱落。第一背鳍鳍棘细弱。尾鳍圆形。体侧有 9～11 条暗色横条，条纹宽小于条间隙。

生态习性：喜成群生活，多为夜行性海水鱼。主要生活在海岸边的浅水处。分布于温带到热带的小型鱼类。

24. 环尾天竺鲷 *Apogon aureus*（Lacepède，1802）

分类地位：硬骨鱼纲 Osteichthyes，鲈形目 Perciformes，天竺鲷科 Apogonidae。

形态特征：体长圆而侧扁。头大。吻长。眼大。前鳃盖后缘呈锯齿状；尾呈弱叉状。体呈金黄略带红色，除尾柄

图 6-24

有一微内凹的黑带环绕外，头部从吻经眼到鳃盖后具 1 褐色带，带上下另具蓝色纹。第一背鳍末端呈黑色。

生态习性：主要栖息于礁区洞穴或浅水或暗礁下方。通常结成一小群活动。分布于印度-西太平洋区，西起红海、东非，东至巴布新几内亚，北至中国台湾、日本，南迄大洋洲的新加勒多尼亚。

25. 多鳞鱚 *Sillago sihama*（Forsskål，1775）

分类地位： 硬骨鱼纲 Osteichthyes，鲈形目 Perciformes，鱚科 Sillaginidae。

形态特征： 体呈细长圆柱形，头钝尖，嘴小，眼大。体被弱栉鳞，背部灰褐色，腹部银白色，侧线明显。背鳍、腹鳍、胸鳍及臀鳍近似透明状，无斑纹、斑点。无硬棘；尾鳍浅褐色，呈微凹形。侧线上鳞5～6行。

图 6-25

生态习性： 浅海小型鱼类，大多活动于热带海滩、沿岸内湾，河口沙洲，有时进入淡水，栖息于1～60米海域；肉食性，主要捕食多毛类的蠕虫、小虾、虾和片脚类动物。主要分布于印度洋-西太平洋的热带海域，南非耐斯纳至日本，澳大利亚、新加勒多尼亚、土耳其及中国沿海。

26. 少鳞鱚 *Sillago japonica*（Temminck & Schlegel，1843）

分类地位： 硬骨鱼纲 Osteichthyes，鲈形目 Perciformes，鱚科 Sillaginidae。

形态特征： 体呈长圆柱形。口小，端位。前鳃盖骨后缘垂直，略有锯齿，下缘水平。侧线完全，呈单一列，略弯曲，侧线上至背鳍起点鳞列数3～4。

图 6-26

生态习性： 沿岸小型底栖鱼类，主要栖息于沙质底海域，常出现在浅水沙滩或海湾内。主要以沙泥内的多毛类及甲壳类为食。分布于印度尼西亚，菲律宾，朝鲜，日本，中国台湾以及南海和东海等。

27. 斑鱚 *Sillago maculata*（Quoy & Gaimard，1824）

分类地位： 硬骨鱼纲 Osteichthyes，鲈形目 Perciformes，鱚科 Sillaginidae。

形态特征： 体长，稍侧扁，略呈圆筒形。头长，圆锥状。吻长，尖钝。口

图 6-27

小，前位，上下颌约等长。上颌骨完全位于眶前骨下。上下颌、犁骨具绒毛细齿。腭骨及舌上无齿。鳃盖骨具1弱棘。左右鳃盖膜愈合。体被栉鳞。侧线完全。尾鳍浅分叉。液浸标本体棕黄色，体侧具灰褐色斑点。

生态特性： 暖水性浅层鱼类。分布于印度洋和太平洋。我国见于南海及东海南部。

28. 斑鳍方头鱼 *Branchiostegus auratus*（Kishinouye，1907）

分类地位： 硬骨鱼纲 Osteichthyes，鲈形目 Perciformes，方头鱼科 Branchiostegidae。

形态特征：体延长，侧扁，体背自头部隆起至尾基几呈直线状。头中大，自上颌前端向头背方呈较大弧形隆起，使头略成方形。体大部分被栉鳞，躯干前部、胸部被圆鳞。头大部裸露，仅在鳃盖、后头部被圆鳞。侧线完全，上侧位，近直线状。尾鳍双截形。体侧上部有2条褐色纵带；背鳍鳍膜间具1列黑色斑。生活时体红色，眼下方具1银白色带，尾鳍具黄色带。

图 6-28

生态特性：为暖温海区鱼类。分布于中国南海、台湾，以及日本。

29. 蓝圆鲹 *Decapterus maruadsi* (Temminck & Schlegel, 1843)

分类地位：硬骨鱼纲 Osteichthyes，鲈形目 Perciformes，鲹科 Carangidae。

形态特征：体纺锤形，稍侧扁。脂眼睑发达。上颌后端较钝圆。上下颌有一列细牙；犁骨牙群呈箭头形；腭骨和舌面中央有一细长牙带。体被小圆鳞。侧线直线部始于第二背鳍10～14鳍条

图 6-29

之下方，侧线直线部的全部或绝大部分上具棱鳞。第二背鳍和臀鳍的后方各有1小鳍。胸鳍长与头长之比随鱼体的大小而异。背鳍前部上顶有1白斑，鳃盖膜后缘具一黑斑。

生态习性：暖水性中上层鱼类，具洄游习性，喜结群。以桡足因、介形类、萤虾、磷虾、七星鱼等为食。从中国海南到日本南部均有分布。

30. 金带细鲹 *Selaroides leptolepis* (Cuvier, 1833)

分类地位：硬骨鱼纲 Osteichthyes，鲈形目 Perciformes 鲹科，Carangidae。

形态特征：体呈长圆形。眼大，脂性眼睑发达，仅于瞳孔中央留下1长细缝。齿尖细，上颌前方2列或呈齿带，后方具1列；下颌1列；锄骨、腭骨和舌面均具齿。肩带下角具1深凹，深凹

图 6-30

之上方具1大形乳突，另有1小形乳突于其上方。胸部完全具鳞。侧线直走部始于第二背鳍第10～12鳍条之下方；侧线棱鳞弱。臀鳍前方具2条游离鳍棘。体背及体侧上部1/3区域呈蓝绿色，体侧2/3以下呈银白色。体侧中部具1黄色纵带。鳃盖后缘上方有1黑斑。背鳍暗灰色；尾鳍具黑缘；其余各鳍淡色或淡黄色。

生态习性：为近海暖水性鱼类，别名"木叶鲹"，栖息于砂泥底、近海沿岸，栖息深度：1～25 m，经常成群巡游于松软底质的水域，以觅食无脊椎动物，偶尔也捕

食小鱼。分布于印度洋至印度尼西亚、澳大利亚，以及中国南海、台湾海峡等海域。

31. 卵形鲳鲹 *Trachinotus ovatus* （Linnaeus，1758）

分类地位： 硬骨鱼纲 Osteichthyes，鲈形目 Perciformes，鲹科 Carangidae。

形态特征： 体侧扁，卵圆形；尾柄短细。体长不及体高的 2 倍。吻钝，前端几呈截形。吻长于眼径。上下颌、犁骨、腭骨均有绒毛状牙。头部除眼后部有鳞以外均裸露；2 为背鳍，1 为鳍棘，2 为鳍条，臀鳍前方有 2 游离鳍棘；侧线前部稍呈波状弯曲，侧线上无棱鳞，仅有感觉孔。腹鳍胸位。尾鳍叉形。背部蓝青色，腹部银色，体侧无黑斑，奇鳍边缘浅黑色，背鳍、腹鳍和尾鳍略呈黄色。

图 6-31

生态习性： 暖水性中上层洄游鱼类。群聚性较强，成鱼时向外海深水移动。生活最适水温 24～28 ℃；盐度在 5‰～32‰之间均可养殖，15‰以下生长更快。肉食性鱼类，以小型动物、浮游生物、甲壳类为主要饵料。分布于印度洋、印度尼西亚、澳大利亚、日本、美洲的热带及温带的大西洋海岸，及中国黄海、渤海、东海、南海。

32. 眼镜鱼 *Mene maculata* （Bloch & Schneider，1801）

分类地位： 硬骨鱼纲 Osteichthyes，鲈形目 Perciformes，眼镜鱼科 Menidae。

形态特征： 体型特殊，体高而特别侧扁，薄而高，形如眼镜片；侧线附近有斑，腹鳍呈长条状。体辐近三角形，腹缘薄而锐利。体腹部轮廓弯度较大，腹缘凸而薄，背侧微弯。鳞片微小，口小。臀鳍位低，基底长。尾柄短而侧扁。尾鳍深叉形，上、下叶同长。腹鳍细小，有 2 根特别长。上颌骨末端仅延伸至眼前下方。体具极小的鳞片；头小，枕骨区高。背鳍、臀鳍单一，不具硬棘；腹鳍长，位于腹缘。体呈银白色，背部偏蓝，上有蓝色点散布。体上部深蓝色，下部银白色，胸鳍浅黄色。

图 6-32

生态习性： 主要栖息于较深的水域。属肉食性鱼类，以动物性浮游生物或底栖生物为食。喜追逐发亮的东西，有趋旋光性。分布于印度-西太平洋热带及亚热带海域。

33. 乌鲳 *Formio niger* (Bloch, 1795)

分类地位：硬骨鱼纲 Osteichthyes, 鲈形目 Perciformes, 鲹科 Carangidae。

形态特征：体呈卵圆形、高而侧扁。背、腹缘甚凸出，头小，吻短，口小，两颌牙细尖，鳃耙粗短。体被小圆鳞，呈黑褐色。侧线明显稍成弧形，尾柄处的侧线鳞较大，形成一隆起脊。仔鱼第一背鳍鳍棘明显，腹鳍喉位；成鱼第一背鳍鳍棘埋于皮下，腹鳍消失；尾鳍深叉形。

图 6-33

生态习性：一般在产卵季节游至水上层。喜群聚。分布于印度洋和太平洋西部、我国产于南海、东海和黄海，其中东海与南海产量较多。

34. 军曹鱼 *Rachycentron canadum* (Linnaeus, 1766)

分类地位：硬骨鱼纲 Osteichthyes, 鲈形目 Perciformes, 军曹鱼科 Rachycentridae。

图 6-34

形态特征：体形圆扁，躯干粗大，头平扁而宽；口大，前位；吻中等大，眼间隔宽平，位于头两侧；前颌骨不能伸缩，上颌后端近眼前缘，下颌略长于上颌；鼻孔长圆形，每侧2个，与眼上缘处于同一水平；上下颌骨、腭骨及舌面具绒毛状牙带。具2个背鳍，第1背鳍为鳍棘，第2背鳍为鳍条；第一背鳍具7～9根（通常为8根）单独的硬棘，无膜相连；腹鳍胸位；背部呈茶褐色，体侧部浅褐色，腹部为灰白色，尾柄近圆筒形、侧扁、无隆脊，体侧沿背鳍基部有1黑色纵带，自吻端经眼而达尾鳍基部，体两侧各有1条平行黑色纵带，各带之间为灰白色纵带相间。鳍为淡褐色，腹鳍与尾鳍上边缘则为灰白色。

生态习性：为暖水性底层鱼类。栖息于热带及亚热带较深海区。广泛分布于印度洋、太平洋和大西洋，我国产于南海、东海与黄海。

35. 大黄鱼 *Pseudosciaena crocea* (Richardson, 1846)

分类地位：硬骨鱼纲 Osteichthyes, 鲈形目 Perciformes, 石首鱼科 Sciaenidae。

形态特征：体侧扁，头较大，具发达黏液腔，颏孔6个。下颌稍突出。背鳍起点至侧线间具鳞8～9行；可与小黄鱼（5～6行）相区分；背鳍具9～

图 6-35

11鳍棘，27～38（一般为31～33）鳍条。臀鳍具2鳍棘，7～10鳍条，第2鳍棘等于或稍大于眼径。身体下部呈黄色，且具有石首鱼特征；体黄褐色，腹面金黄色，各鳍黄色或灰黄色。唇橘红色。鳔较大，前端圆形，头颅内有2块白色矢耳石。

生态习性：暖温性近海集群洄游鱼类，主要栖息于80米以内的沿岸和近海水域的中下层。产卵鱼群怕强光，喜逆流，好透明度较小的混浊水域。黎明、黄昏或大潮时多上浮，白昼或小潮时下沉。分布于黄海中部以南至琼州海峡以东的中国大陆近海，及朝鲜西海岸。

36．黄姑鱼 Nibea albiflora（Richardson，1846）

分类地位：硬骨鱼纲 Osteichthyes，鲈形目 Perciformes，石首鱼科 Sciaenidae。

形态特征：体延长，侧扁，头钝尖，吻短钝、微突出，无颏须也无犬牙，上颌牙细小，下颌内行牙较大，骸部有5个小孔。颏孔为"似五孔型"，体背部浅灰色，两侧浅黄色，胸、腹及臀鳍基部带红色，体侧有多条黑褐色波状细纹斜向前方，腹鳍胸位，尾鳍呈楔形。

图 6-36

生态习性：为暖水性中下层鱼。主要摄食底栖动物。分布于黄海南部及东海北部的外海，以及我国黄海、渤海、东海和南海。

37．尖头黄鳍牙䱛 Chrysochir aureus（Richardson，1846）

分类地位：硬骨鱼纲 Osteichthyes，鲈形目 Perciformes，石首鱼科 Sciaenidae。

形态特征：体延长，78～312 mm，侧扁。头中大而尖，侧扁。吻尖突，突出于上颌前方。吻褶游离。眼较小。口大。鳃孔宽大。体被栉鳞，吻部及眼下颊部被圆鳞。具2背鳍，第1背鳍为鳍棘，第2背鳍为鳍条；腹鳍胸位；上颌具犬牙；颏孔6个，无颏须。背鳍连续，鳍棘部与鳍条部之间具1深缺刻。尾鳍楔形。鳔大，前端圆形。耳石长形。体背侧银色，略微绿，体侧2/3以上有黑色斑点，排列成波状条纹，斜向体之前下方。胸鳍黄色。尾鳍灰黑色。

图 6-37

生态习性：近海暖水性底层鱼类。分布于中国南海、台湾海峡，东海南部，以及孟加拉湾、马来半岛、印度尼西亚。

38．鮸鱼 Miichthys miiuy（Basilewsky，1855）

分类地位：硬骨鱼纲 Osteichthyes，鲈形目 Perciformes，石首鱼科 Sciaenidae。

形态特征： 体两侧扁平向后延长状，背、腹部浅弧，口腔内为鲜黄色；上颌外齿为犬齿状，尤以前端2枚最大。体背部为银灰褐色，腹部灰白。背鳍鳍棘上缘黑色，鳍条部中央有一纵行黑色条纹，软条的基部具数列小圆鳞，胸鳍腋部上方有一晴斑。其余各鳍灰黑

图 6-38

色。尾柄细长，尾鳍楔形。眼睛较大，位于头前半部上侧，眼膜透明度高，红而明亮。有2个稍圆的凸鼻孔。口大而微斜，上下颌约等长。除吻部及鳃盖骨被小圆鳞，颊部及上下颌无鳞外，全身都长有栉鳞，鳞片细小，表层粗糙。

生态习性： 暖温性底层海鱼，喜栖息于混浊度较高的水域，于水深15～70米，底质为泥或泥沙海区，能以鱼鳔发声。为小区域性洄游鱼类。肉食性。分布于北太平洋西部。

39. 眼斑拟石首鱼 *Sciaenops ocellatus* (Linnaeus, 1766)

分类地位： 硬骨鱼纲 Osteichthyes，鲈形目 Perciformes，石首鱼科 Sciaenidae。

形态特征： 体呈纺锤形，侧扁，背部微隆，以背鳍起点处最高，头中等。口端位，口裂较大，齿细小较尖锐，排列紧密。鼻孔2对，后1对呈椭圆形略大。眼上侧位，后缘和口裂末端平齐，分布于

图 6-39

头两侧。在其生长过程中，尾部形态发生改变，仔稚鱼为圆形尾，幼鱼为截形，成鱼为新月形尾。尾柄基部侧线上方有一个或多个大于眼径的黑斑。

生态习性： 系暖水性、广温、广盐、溯河性鱼类。分布于美国东南海岸以及我国南方和北方部分地区。

40. 细纹鲾 *Leiognathus berbis* (Valenciennes, 1835)

分类地位： 硬骨鱼纲 Osteichthyes，鲈形目 Perciformes，鲾科 Leiognathidae。

形态特征： 体呈椭圆形，极侧扁。眼上缘具一鼻后棘。口小，可稍向下方伸出。前鳃盖下缘具细锯齿。体被圆鳞，腹腋具腋鳞，背鳍及臀鳍具鞘鳞。尾柄细窄，尾鳍深叉形。体背灰绿色到

图 6-40

灰褐色，体侧银白；体侧上半部另具较密且不规则的暗色蠕状条纹。吻部及胸鳍基部下侧具黑色；背、腹、胸及臀鳍色淡；尾鳍暗色。

生态习性：主要栖息于砂泥底质的沿海地区。群游性，一般皆在底层活动。肉食性，以小型甲壳类及 2 枚贝为食。分布于印度-西太平洋热带海域，包括非洲东岸、红海、印度洋沿岸、南中国海以及中国台湾南部海域。

41. 鹿斑鲾 Leiognathus ruconius（Hamilton，1822）

分类地位：硬骨鱼纲 Osteichthyes，鲈形目 Perciformes，鲾科 leiognathidae。

形态特征：体卵圆形极侧扁，体长不及体高 2 倍。头部无鳞，胸部和体均被小圆鳞。侧线不完全，上具感觉管。体侧侧线上方具垂直于体轴的深色带，前粗后细。背腹缘弧形隆起。头背缘较凹。上下颌齿绒毛状，犁骨、腭骨、舌上均无齿。背鳍、臀鳍基部具鳞鞘，腹鳍具腋鳞。背、臀鳍基长，具 1 纵行小棘。腹鳍亚胸位。尾鳍叉形。体背暗银色，腹部银白。

图 6-41

生态习性：为小型鱼类，砂泥底质水域、河口区及澎湖沿海为主。分布于中国南海。

42. 短吻鲾 Leiognathus brevirostris（Valenciennes，1835）

分类地位：硬骨鱼纲 Osteichthyes，鲈形目 Perciformes，鲾科 Leiognathidae。

生态特征：体椭圆形，极侧扁。口小，可向下方伸出。前鳃盖下缘具细锯齿。头部不具鳞；体被圆鳞。体背银灰色，体侧银白色；体背具垂直波浪状斑纹；头颈部具一显黑褐色斑。胸鳍下方

图 6-42

有 1 金黄色斑，扩散至腹部。背鳍硬棘部上半部金黄色，软条部则有暗色缘；腹、胸及臀鳍色淡或有金黄色缘。

生态习性：主要栖息于砂泥底质的沿海地区，亦可生活于河口区。群游性。常出现在河口的咸水域，捕食小型甲壳类、多毛类维生。分布于印度太平洋区。

43. 短棘银鲈 Gerres Limbatus（Cuvier，1830）

分类地位：硬骨鱼纲 Osteichthyes，鲈形目 Perciformes，银鲈科 Gerreidae。

形态特征：体呈卵圆形，稍有延长，体侧扁而色银白。口小而唇薄。眼大，且位吻末端之前。有前颌棘，向后达眼眶上方之凹窝内，两侧会合在头顶

图 6-43

形成一深沟。鳃盖骨无棘；前鳃盖骨光滑或下方有细锯齿。鳃四枚，鳃膜不连合，鳃耙短而宽。上下颌齿纤细为绒毛状；锄骨及舌上无齿。特征与下面长棘银鲈近似，但第二根鳍棘不延长，体侧无黑点组成的纵带。

生态习性：生活在热带海洋。分布于南美洲北部至美国新泽西及加利福尼亚一带。

44. 长棘银鲈 *Gerres filamentosus*（Cuvier，1829）

分类地位：硬骨鱼纲 Osteichthyes，鲈形目 Perciformes，银鲈科 Gerridae。

形态特征：体卵圆形，侧扁。背缘弓状弯曲，背面狭窄，腹部钝圆。眼大。吻短。口较小，能向下伸出，有1长棘条，被薄鳞，身体侧扁，端位。上颌两端游离，颌齿绒毛带状。背鳍基部

图 6-44

长，第二根鳍棘延长。胸鳍尖长；腹鳍胸位。体侧有 8～10 条由黑点组成的纵带。

生态习性：属于热带和亚热带沿岸内湾习见近底层鱼类。其多生活于泥沙底质海区。分布于印度洋非洲东岸、红海，东至印度尼西亚，北至日本以及中国南海、台湾海峡等海域。

45. 紫红笛鲷 *Lutjanus argentimaculatus*（Forsskål，1775）

分类地位：硬骨鱼纲 Osteichthyes，鲈形目 Perciformes，笛鲷科 Lutjanidae。

形态特征：侧线上方的鳞片在背部前方与侧线平行，仅在后方为斜行；侧线下方的鳞片与体轴平行排列。具2背鳍，第1背鳍为鳍棘，第2背鳍为鳍条；腹鳍胸位；体长椭圆形，侧扁，紫

图 6-45

红色，除胸鳍外，各鳍均为紫褐色；头部鳞片始于眼后缘上方。前鳃盖骨后缘具1宽而浅的缺口。犁骨及聘骨具细齿带，舌亦具细齿。

生态习性：暖水性中下层鱼类，栖息于近海岩礁或泥沙底质海区。分布于印度洋和太平洋中部及西部，中国产于南海和东海南部。

46. 红鳍笛鲷 *Lutjanus erythopterus*（Bloch，1790）

分类地位：硬骨鱼纲 Osteichthyes，鲈形目 Perciformes，笛鲷科 Lutjanidae。

形态特征：侧线上的鳞片与侧线斜行；具2背鳍，第1背鳍为鳍棘，第2背鳍为鳍条；体长椭圆形而略高，背缘呈弧状弯曲。两眼间隔平坦。前鳃盖缺刻不显著。上下颌两侧具尖齿，外列齿较大，舌面无齿。体被中大栉鳞，颊部及鳃盖具多列鳞；背

鳍、臀鳍和尾鳍基部大部分亦被细鳞；背鳍软硬鳍条部间无明显深刻；臀鳍基底短而与背鳍软条部相对；胸鳍长，末端达臀鳍起点；腹鳍胸位；尾鳍叉形。腹部及胸鳍、腹鳍呈红色，体侧无任何纵带；头背部由背鳍起点至吻端有一条暗色斜带；幼鱼时，尾柄上有鞍状斑。

图 6－46

生态习性：栖地广泛，举凡礁沙混合区、石砾区、岩石区、泥沙区或外海独立礁均可见其踪迹。夜间觅食，以鱼类、甲壳类或其他底栖无脊椎动物为食。分布于印度西太平洋区。

47．白星笛鲷 *Lutjanus stellatus*（Akazaki，1983）

分类地位：硬骨鱼纲 Osteichthyes，鲈形目 Perciformes，笛鲷科 Lutjanidae。

形态特征：侧线上方的鳞片在与侧线斜行；具 2 背鳍，第 1 背鳍为鳍棘，第 2 背鳍为鳍条；体长椭圆形，侧扁，口大。体色红褐或黄褐色，在背鳍第 3～4 根软条下方的侧线上方具一明显小白点。幼鱼头部具不连续的不规则纵纹，成鱼则无。尾鳍略凹。

图 6－47

生态习性：生活于 1～30 米海域，喜栖息于珊瑚礁及岩礁外围，幼鱼常可在潮池中发现。肉食性，以小鱼及小型底栖无脊椎动物为主。分布于太平洋热带与亚热带海域，包括中国台湾南部、东北部及兰屿、绿岛、澎湖海域。

48．勒氏笛鲷 *Lutjanus russelli*（Bleeker，1849）

分类地位：硬骨鱼纲 Osteichthyes，鲈形目 Perciformes，笛鲷科 Lutjanidae。

形态特征：体长椭圆形，稍侧扁。侧线上鳞与侧线斜行。两颌齿细小，尖锥状。胸鳍、臀鳍和腹鳍橘黄色。体背褐色，腹部粉红色至白色且带有银光。体背有 1 黑斑大部分跨在侧线上方。

图 6－48

生态习性：属于热带和亚热带近海底层鱼类。生活于礁石及珊瑚礁区。分布于印度洋非洲东岸，东至澳大利亚，北至日本以及中国南海、台湾海峡南部等海域。

49．黑鲷 *Acanthopagrus schlegelii*（Bleeker，1854）

分类地位：硬骨鱼纲 Osteichthyes，鲈形目 Perciformes，鲷科 Sparidae。

形态特征：体侧扁，呈长椭圆形。头大，吻部钝尖，第一背鳍有硬棘11～12，软鳍条12。牙发达，上颌两侧臼齿4～5行，下颌两侧臼齿3行。锄骨及口盖骨上无齿。两眼之间与前鳃盖骨后下部无鳞。侧线上鳞6～7枚；侧线上鳞走向与侧线平行，体青灰色，侧线起点处有黑斑点，体侧常有黑色横带数条。

图 6-49

生态习性：喜在岩礁和沙泥底质的清水环境中生活。黑鲷为广温、广盐性鱼类。耐低温能力较真鲷强，生长适宜温度为17.0～25.0℃。肉食性鱼类，成鱼以贝类和小鱼虾为主要食物。分布于北太平洋西部，日本，韩国，中国大陆及台湾等地沿岸、港湾及河口。

50. 黄鳍鲷 *Acanthopagrus latus*（Houttuyn，1782）

分类地位：硬骨鱼纲 Osteichthyes，鲈形目 Perciformes，鲷科 Sparidae。

形态特征：体高，侧扁，长椭圆形，背部狭长，腹面钝圆。吻钝。体被薄栉鳞；颊部与头顶部均具鳞，颊鳞5行。侧线完全，弧形，与背缘平行。具2背鳍，第1背鳍为鳍棘，第2背鳍为

图 6-50

鳍条；背鳍鳍棘部与鳍条部相连。胸鳍尖长。腹鳍胸位。胸鳍与腹鳍灰黄色；体色青灰而带黄色，体侧有若干条灰色纵走线，沿鳞片而行。背鳍、臀鳍的一小部分及尾鳍边缘灰黑色，上颌两侧臼齿4行，下颌两侧臼齿3行。

生态习性：为浅海暖水性底层鱼类。生活于1～50米水域，常在河口区的蚝棚、红树林或堤防区的消波块附近活动，属广盐性鱼类。杂食性，以藻类及小型底栖动物为主。广泛分布于红海、阿拉伯海沿岸、印度、印度尼西亚、日本、朝鲜、菲律宾和中国近海。

51. 平鲷 *Rhabdosargus sarba*（Forsskål，1775）

分类地位：硬骨鱼纲 Osteichthyes，鲈形目 Perciformes，鲷科 Sparidae。

形态特征：体高而侧扁，呈椭圆形，背缘隆起，腹缘圆钝。头钝，前端尖。口端位；上下颌约等长；两颌前端具门齿，两侧各具1大臼齿，锄骨、腭骨及舌面皆无齿。体被薄栉鳞，背鳍及

图 6-51

臀鳍基部均具鳞鞘，基底被鳞；侧线完整。背鳍硬棘部及软条部间无明显缺刻，硬棘强；臀鳍小，与背鳍鳍条部同形；胸鳍中长，长于腹鳍；尾鳍叉形。体呈银灰色，腹面颜色较淡，体侧有许多淡青色纵带，其数目和鳞列相当。腹鳍和臀鳍颜色略黄；尾鳍上下叶末端尖，大部为深灰色，仅下缘鲜黄色。

生态习性：为浅海沿岸底层鱼类。常栖息于浅海和港湾岩礁处，平时分散栖息于浅海，移动不大。杂食性，摄食双壳类、虾、蟹、虾蛄、藤壶和海藻。分布于朝鲜、日本、菲律宾，以及中国黄海、东海和南海。

52. 二长棘鲷 *Parargyrops edita* （Tanaka，1916）

分类地位：硬骨鱼纲 Osteichthyes，鲈形目 Perciformes，鲷科 Sparidae。

形态特征：体侧扁，呈椭圆形，背缘狭窄、弓状弯曲度。口小、前位，两颌前端有4～6个犬牙，两颌两侧各具臼齿2列；犁骨无牙；前鳃盖骨后平滑。鳃盖骨后缘具1扁棘。背鳍连续无缺刻，背鳍第1和第2鳍棘十分短小，但第3和第4棘突出延长如丝状，尾鳍叉形；体被弱栉鳞，背部鲜红色，腹部较淡，胸鳍及腹鳍色较浅，体侧有若干蓝色纵带、侧线明显。背鳍、臀鳍金黄色。

图6-52

生态习性：系暖温性底层鱼类，栖息于近海水深20～70米，底质为沙泥、沙砾、岩礁或贝藻丛生的海区洄游小型鱼类，季节性很强，在浅海逗留时间短，约在5月间潜入深处。分布于印度尼西亚、朝鲜、日本，以及中国南海、台湾海峡、东海等海域。

53. 真鲷 *Pagrosomus major* （Temminck & Schlegel，1843）

分类地位：硬骨鱼纲 Osteichthyes，鲈形目 Perciformes，鲷科 Sparidae。

形态特征：体侧扁，呈长椭圆形，自头部至背鳍前隆起。体被大弱栉鳞，头部和胸鳍前鳞细小而紧密，腹面和背部鳞较大。头大，口小，前部为颗粒状，后渐增大为臼齿。前鳃盖骨后半部具鳞、全身呈现粉红色，体侧背部散布着鲜艳的蓝色斑点。尾鳍后缘为墨绿色，上下颌前方各有犬牙4～6枚，两侧臼齿2行。

图6-53

生态习性：近海暖温性底层鱼类。栖息深度10～200米。分布于印度洋北部沿岸至太平洋中部、夏威夷群岛以及中国。

54. 金线鱼 *Nemipterus virgatus*（Houttuyn，1782）

分类地位： 硬骨鱼纲 Osteichthyes，鲈形目 Perciformes，金线鱼科 Nemipteridae。

形态特征： 体呈椭圆形，稍延长，侧扁，被小型栉鳞。背腹缘皆钝圆，口稍倾斜，上颌前端有五颗较大的圆锥形齿，上下颌两侧皆有细小的圆锥齿。全体呈浅红色，腹部较淡，体侧内有明显的黄色纵线。胸鳍长，末端达臀鳍起点；背鳍长；尾鳍叉形，其上叶末端延长成丝状，但幼鱼期较无明显的延长。背鳍及尾鳍上缘为黄色，尾鳍叶上末端延长成丝状，背鳍中下部有一条黄色纵带，臀鳍中部有2条黄色纵带。

图 6-54

生态习性： 栖息于具沙泥底质海域，肉食性，以甲壳类、头足类等为食。分布于西太平洋区。

55. 斜带髭鲷 *Hapalogenys nitens*（Temminck & Schlegel，1843）

分类地位： 硬骨鱼纲 Osteichthyes，鲈形目 Perciformes，石鲈科 Pomadasyidae。

形态特征： 体侧扁而高，背部隆起。眼大，颐部具一丛密生小髭，具颏孔4对。体呈暗灰色，具3条暗色斜带。尾鳍圆形，略透明。具2背鳍，第1背鳍为鳍棘，第2背鳍为鳍条；腹鳍胸位；背鳍鳍棘多于9，背鳍前端有一向前倒棘；

图 6-55

生态习性： 底栖性鱼类，主要生活于3～50米的温带海域。肉食性，以小鱼及甲壳类为主。分布于日本南部至中国台湾，包括台湾北部、西部、南部海域。

56. 花尾胡椒鲷 *Plectorhynchus cinctus*（Temminck & Schlegel，1843）

分类地位： 硬骨鱼纲 Osteichthyes，鲈形目 Perciformes，石鲈科 Pomadasyidae。

形态特征： 口小，端位、唇厚、下颌腹面有3对小孔、侧线完全，位高与背缘平行、全体被细小栉鳞、侧线鳞下方鳞较大于上侧，胸鳍基部有腋鳞、体

图 6-56

上部灰褐色、下部较淡。体侧有黑色宽带 3 条，斜形。在第二条斜带上方，背鳍和臀鳍上均散布许多大小不一的黑色圆点，特别是尾鳍上圆点较密集，状似散落的黑胡椒。尾鳍截形、略圆。背鳍鳍棘部与鳍条部相连，中央有深凹陷。背鳍鳍棘强大。臀鳍小，具 3 个强棘。胸鳍宽短。腹鳍位于胸鳍基下方。尾鳍圆形。体灰褐色，体侧有 3 个斜条黑色带。背上方，背鳍鳍条部及尾鳍上散布有黑色斑点。

生态习性： 栖息在温带海域的岩礁区。属肉食性，以甲壳类、鱼类等为食。分布于印度洋和北太平洋西部。中国南海、东海和黄海均产，以南海区产量较多。

57. 细鳞鯻 *Terapon jarbua*（Forsskål，1775）

分类地位： 有颌上纲 Gnathastomata，鲈形目 Perciformes，鯻科 Terapontidae。

生态特征： 体呈长椭圆形。口中大，前位。前鳃盖骨后缘具锯齿；鳃盖骨上具 2 棘，下棘较长，超过鳃盖骨后缘。体被细小栉鳞，颊部及鳃盖上亦被

图 6-57

鳞；背及臀鳍基部具弱鳞鞘。体背黄褐色，腹部银白色。体侧有 3 条呈弓形的黑色纵走带，以腹部为弯曲点，其最下面一条由头部起经尾柄侧面中央达尾鳍后缘之中央；背鳍硬棘部有 1 大黑斑，软条部有 2～3 个小黑斑；尾鳍上下叶有斜走的黑色条纹。

生态习性： 为沿海、河口区砂泥底质的底栖性鱼类。一般活动于较浅水域，有时会进入河口内，属广盐性。肉食性，以小型鱼类、甲壳类及其他底栖无脊椎动物为食。主要分布于印度-太平洋区水域，红海、非洲东部至萨摩亚，北至日本南部，南至澳大利亚、罗得豪岛。

58. 尖吻鯻 *Terapon oxyrhynchus*（Temminck & Schlegel，1842）

分类地位： 硬骨鱼纲 Osteichthyes，鲈形目 Perciformes，鯻科 Terapontidae。

形态特征： 体延长，侧扁。头较长，头长与体高约相等；背缘与腹缘皆呈微弧形，体高以背鳍起点处为最高。吻尖长而突出，其长大于眼径。身体有横带（黑色）；头尖、口小；身体侧扁。

图 6-58

生态习性： 热带、亚热带近岸暖水性近底层鱼类，喜栖息于泥沙底质和岩礁附近，也可生活于河口水域，或进入江河。分布于菲律宾、日本，以及中国南海、台湾海峡等海域。

59. 列牙鯻 *Pelates quadrilineatus* (Bloch, 1790)

分类地位： 硬骨鱼纲 Osteichthyes，鲈形目 Perciformes，鯻科 Terapontidae。

形态特征： 体长椭圆形，84～156 mm。侧扁。口小，前位。上下颌齿较大，上颌齿 3 行，下颌齿 2 行。犁骨、腭骨和舌上均无齿。体被栉鳞。背鳍鳍棘部与鳍条部相连，中间具一浅缺凹。尾

图 6-59

鳍浅叉形。体侧有 4 条互相平行的深色纵带。鳃盖后上角和背鳍鳍棘膜上各具一个大黑斑。背鳍、尾鳍和臀鳍鳍条灰褐色，胸鳍和腹鳍浅橘黄色。

生态习性： 暖水性底层鱼类，多栖息于泥沙底或岩礁海区，广盐性。摄食虾、蟹和小鱼。分布于中国南海、台湾海峡、印度洋东岸、红海，东至澳大利亚，北至日本。

60. 黑斑绯鲤 *Upeneus tragula* (Richardson, 1846)

分类地位： 硬骨鱼纲 Osteichthyes，鲈形目 Perciformes，羊鱼科 Mullidae。

形态特征： 体稍侧扁，头中等大，背面微凸，吻圆钝。眼上侧位，距鳃盖后上角较距吻端为近。眼间隔略大于眼

图 6-60

径，中间微凸起。鼻孔小，两鼻孔相距远。口前下位。上颌长于下颌，缝合部有 1 凹陷。两颌牙细小绒毛状，犁骨及腭骨亦具细小牙群。颏部有两条橙黄色长须，后端伸达前鳃盖骨下方。鳃孔大。具假鳃。鳃盖膜分离与峡部不相连。4 个鳃盖条。前鳃盖骨边缘圆滑。体被栉鳞，栉状齿甚弱。侧线完全，沿体侧上部延伸达尾鳍基。头部鳞片向前延伸达眼前部。背鳍 2 个，分离；臀鳍与第二背鳍形状相似，位置亦相对。胸鳍中等长，后端可达第一背鳍末下方。腹鳍位于胸鳍基下方，约与胸鳍等长。尾鳍叉状。鳍多有黑色条纹或斑点。

生态习性： 暖水性近海底层鱼类。通常栖息于泥或泥沙底质的浅海。分布于红海、非洲东岸、斯里兰卡、印度、马来半岛、菲律宾、印度尼西亚、澳大利亚、日本及其琉球群岛。中国分布于南海及东海南部。

61. 短须副绯鲤 *Parupeneus ciliatus* (Lacepède, 1802)

分类地位： 条鳍鱼纲 Actinopterygii，鲈形目 Perciformes，须鲷科 Mullidae。

形态特征： 体延长而稍侧扁；吻长而钝尖。上下颌均具单列齿，齿较钝。具颏须 1 对。前鳃盖骨后缘平滑；鳃盖骨具二短棘；鳃膜与峡部分离。体被弱栉鳞，易脱落，腹鳍基部具一腋鳞，眼前无鳞。背鳍两个；胸鳍软条数 15（少数为 14）；尾鳍叉尾形。体色多变，灰白色至淡红色，除腹部外，各鳞片具红褐色至暗褐色；自吻经眼

睛至背鳍软条基有 1 深色纵带，纵带上下各有 1 白色带；背鳍软条后部有 1 白斑或不显，白斑后另有 1 鞍状斑或不显；背鳍与尾鳍灰绿色至淡红色；背鳍及臀鳍膜散布淡白色斑点有时不显；胸、臀与腹鳍黄褐色至淡红色；颏须淡褐色至黄褐色。

图 6-61

生态习性： 栖息在近海沿岸及海湾等沙泥底质水域，深度在 2～91 米的水层，主要以泥地中的甲壳类、软体动物及多毛类等为食。广泛分布于印度－太平洋区，西起西印度洋，东到莱恩、马贵斯及土木土群岛，北起琉球群岛，南至澳大利亚及拉帕岛。

62. 金钱鱼 *Scatophagus argus*（Linnaeus，1766）

分类地位： 硬骨鱼纲 Osteichthyes，鲉形目 Scorpaeniformes，金钱鱼科 Scatophagidae。

形态特征： 体侧扁略呈椭圆形，背部高耸隆起，口小眼大体褐色，腹淡银白色，皮坚韧，鱼体黄褐色，散布许多黑圆斑，腹部银白，被细小栉鳞，各鳍浅黄色，背鳍和臀鳍间膜上有暗色云纹，尾鳍截形，有不明显的垂直暗带，背鳍、腹鳍及臀鳍前端有坚硬的鳍棘，内有毒腺。背鳍有 1 向前平卧棘。

图 6-62

生态习性： 为广盐、暖水性中小型鱼类，栖息于近岸岩礁，红树林及海藻丛生的咸、海水水域。稚幼鱼能集群生活于河口近岸的表层水域，幼成鱼逐渐迁移至离岸较远、较深、具岩礁的水域，不喜结群，常进入淡水水域。分布于印度洋、太平洋，及中国南海和东海南部，尤以广东沿海分布较广。

63. 叉纹蝴蝶鱼 *Chaetodon auripes*（Jordan & Snyder，1901）

分类地位： 硬骨鱼纲 Osteichthyes，鲈形目 Perciformes，蝴蝶鱼科 Chaetodontidae。

形态特征： 体高而呈卵圆形。吻尖，但不延长为管状。前鼻孔具鼻瓣。前鳃盖缘具细锯齿。体被中型鳞片，体上半部呈斜上排列，体下半部呈水平排列。体黄褐色，体侧具水平暗色纵带，在侧线上方前部则呈间断的暗色斑点

图 6-63

带；眼带窄于眼径，眼带后另有1白色横带；背鳍和臀鳍具黑缘；尾鳍后端具窄于眼径的黑色横带，其后另具白缘；幼鱼背鳍软条部具眼斑。

生态习性：栖息于港口防波堤、碎石区、藻丛、岩礁或珊瑚礁区，生活栖地多样。单独、成对或小群游动。主要以多毛类、底栖甲壳类、腹足类及藻类等为食。主要分布于中国南海，只有少部分进入东海南部。

64．朴蝴蝶鱼 *Chaetodon modestus*（Temminck & Schlegel，1844）

分类地位：硬骨鱼纲 Osteichthyes，鲈形目 Perciformes，蝴蝶鱼科 Chaetodontidae。

形态特征：体高而呈卵圆形。吻尖而突，微呈管状。前鼻孔具鼻瓣。前鳃盖缘具细锯齿。体银白色；体侧具有2条延伸至背鳍、腹鳍及臀鳍且镶暗褐色缘的宽黄褐色横带；头部具暗褐色的眼带，窄于眼径，且仅延伸至喉峡部；眼前上缘至吻端另具1条暗色纵纹。背鳍及臀鳍银白至淡黄褐色，背鳍软条部另具1个镶白缘之眼。

图 6-64

生态习性：栖息于较深且有岩礁的大陆棚斜坡上，小鱼亦活动于水深10 m附近的浊水区。分布于北太平洋西部，我国产于南海和东海。

65．美蝴蝶鱼 *Chaetodon wiebeli*（Kaup，1863）

分类地位：硬骨鱼纲 Osteichthyes，鲈形目 Perciformes，蝴蝶鱼科 Chaetodontidae。

形态特征：体高而呈卵圆形。前鼻孔具鼻瓣。前鳃盖缘具细锯。体被大型鳞片。体黄色；体侧具有16～18条向上斜走的呈褐色纵纹；颈背具一黑色三角形大斑；胸部具4～5个小橙色斑点；头部具远宽于眼径的黑眼带，仅向下延伸至鳃盖缘，眼带后方另具1宽白带；吻及上唇灰黑色，下部则为白色。各鳍黄色；背鳍后缘灰黑色；臀鳍后缘具1～2条黑色带；尾鳍中部白色，后部具黑色宽带，末缘淡色。

图 6-65

生态习性：栖息于岩礁及珊瑚礁区。以藻类为食。分布于太平洋西部南、北回归线间海域以及中国台湾海峡以南。

66. 细刺鱼 *Microcanthus strigatus*（Cuvier, 1831）

分类地位： 硬骨鱼纲 Osteichthyes，鲈形目 Perciformes，蝎鱼科 Scorpidae。

形态特征： 细刺鱼体呈卵圆形，侧扁。体长可达 16 cm。头甚小而眼较大。体金黄色，体侧有 4～6 条较宽的黑褐色纵带，形成黄黑相间的明显对比。体被小型弱栉鳞，背鳍和臀鳍基部亦被小鳞所形成的鳞鞘。齿刷毛状，尖锐，腭骨一般有齿。鳃膜连合，跨越喉峡部。背鳍硬棘 10～11 枚、软条 17～18 枚；臀鳍硬棘 3 枚、软条 14～16 枚。侧线鳞片数 56～60 枚。

图 6-66

生态习性： 属于近海暖温性鱼类。其常见于近岸的岩石间。一般生活在水深 0～10 米的水域。细刺鱼常三五成群在低潮线下之浅水岩礁或珊瑚礁觅食，很少离岸太远，潮池也可发现其幼鱼。幼鱼以浮游生物为食，成鱼以底栖生物为食。分布于太平洋区，广泛分布于西太平洋海域。

67. 印度棘赤刀鱼 *Acanthocepola indica*（Day, 1888）

分类地位： 硬骨鱼纲 Osteichthyes，鲈形目 Perciforme，赤刀鱼科 Cepolidae。

形态特征： 体长呈带状。肛门位于胸鳍基底的稍后下方。前鳃盖骨后下角有 6 根钝棘。体被小圆鳞。侧线位高，沿背鳍基底向后渐不明显。背鳍、臀鳍与尾鳍相连；多数鳍条不分枝，在背鳍第 9～12 鳍条间有 1 椭圆形黑斑。

图 6-67

生态习性： 暖水性底层鱼类。系海洋底栖肉食性鱼类，产量较小。分布于中国南海及日本。

68. 断纹紫胸鱼 *Stethojulis interrupta*（Bleeker, 1851）

分类地位： 硬骨鱼纲 Osteichthyes，鲈形目 Perciformes，隆头鱼科 Labridae。

形态特征： 体长形。口小，上下颌有 1 列门齿。体被大鳞，头部无鳞，颊部裸出。侧线为乙字状连续。雌性体侧上半灰褐色，下半乳白色，二者之间有淡蓝色纵纹；下侧依鳞片排列有 6 纵列褐色小点；雄鱼体上半部蓝褐色，下半部色淡绿，中间有一条淡蓝色纵线；胸鳍基上缘具黑斑，前缘及下缘另具红斑；背鳍

图 6-68 雌鱼

基稍下具 1 蓝纹延伸至头部；头部眼上下缘各具 1 条平行紫蓝色纵线，从上颌延伸至鳃盖缘，下面一条与体纵线相接。

生态习性： 主要栖息于岩砾或珊瑚礁外围的砂地水域，以甲壳类及多毛类为食。分布于印度-西太平洋热带海域。

69. 长鳍高体盔鱼 *Pteragogus aurigarius*（Richardson，1845）

分类地位： 硬骨鱼纲 Osteichthyes，鲈形目 Perciformes，隆头鱼科 Labridae。

形态特征： 前鳃盖骨具锯齿缘，颊与鳃盖被大形鳞。背鳍连续，前方数棘较高；胸鳍稍圆；侧线完全，连续不间断，在背鳍后部陡降。前鳃盖骨具锯齿缘。雄鱼第Ⅰ～Ⅱ棘延长为丝状。体色多变，雄鱼黑褐色，体侧鳞片具暗色

图 6-69

斑，眼部具短辐射纹，颊部具垂直纹，鳃盖具平行纹且具一黑色眼斑。雌鱼淡红至红褐色，体侧鳞片亦具暗色斑或消失仅散步零星斑点；腹部具黑色点状列。

生态习性： 亚热带礁岩区鱼类。多栖息于近岸岩石或珊瑚间，能结集成群。多以软体动物为食，齿适宜磨碎贝类。分布于西太平洋：新喀里多尼亚、洛亚尔提群岛、瓦努阿图、南方大堡礁。

70. 青点鹦嘴鱼 *Scarus ghobban*（Forsskål，1775）

分类地位： 硬骨鱼纲 Osteichthyes，鲈形目 Perciformes，鹦嘴鱼科 Scaridae。

形态特征： 体延长而略侧扁。齿板外表面平滑，上齿板几被上唇所覆盖。幼鱼尾鳍为截形，成鱼微凹、双截形或半月形。初期雌鱼体色为黄褐色，鳞片外缘为蓝色，构成 5 条不规则的蓝色

图 6-70

带，其中 4 条在躯干部，另 1 条在尾柄部；另有 2 道较短的条纹分布于眼上方，及下唇与眼下方之间；背鳍及臀鳍外缘及基部为蓝色；胸鳍及腹鳍为淡黄色，前端为蓝色；尾鳍为黄色，外缘为蓝色。成年雄鱼头背侧及体部为绿色，鳞片外缘为橙红色或橙色；体色于腹部渐趋为粉红色，颊部及鳃盖为浅橙色；颌部及峡部为蓝绿色，背鳍及臀鳍为黄色，外缘及基部有蓝绿色纵带；胸鳍为蓝色；腹鳍为淡黄色，硬棘末梢呈蓝色；尾鳍为蓝绿色，内缘及外缘均为黄色。

生态习性： 河口礁岩区鱼类。分布于印度太平洋区。

71. 大弹涂鱼 *Boleophthalmus pectinirostris* (Linnaeus, 1758)

图 6-71

分类地位：硬骨鱼纲 Osteichthyes，鲈形目 Perciformes，弹涂鱼科 Periophthalmidae。

形态特征：一般两颌仅具单行牙；胸鳍系膜无肉质突起；体延长；眼多数背位；背鳍有 5 个鳍棘；腹鳍联合不完全到完全。第一背鳍宽阔，下颌腹面无细须。体具小鳞；尾鳍无黑色横纹。纵列鳞 80～100 枚。可短暂离开水体生存。领地行为突出。活动于退潮后的泥滩上。

生态习性：沿岸暖温性小型鱼类，喜栖息于港湾和河口潮间带淤泥滩涂，广盐性。食性为杂食性，主食底栖硅藻，兼食泥土的有机质，以及桡足类和圆虫。常在退潮时出来索饵，刮食底栖硅藻。分布于日本至中国台湾北部、西部及南部海域。

72. 孔虾虎鱼 *Trypauchen vagina* (Bloch & Schneider, 1801)

图 6-72

分类地位：硬骨鱼纲 Osteichthyes，鲈形目 Perciformes，虾虎鱼科 Gobiidae。

形态特征：体颇延长，很侧扁。头短，侧扁，头后中央具 1 顶嵴。吻短而圆钝，弧形。眼小，埋于皮下，口小斜裂，边缘波曲。下颌弧形突出。两颌牙 2～3 行，牙长而弯曲，突出唇外。无犬牙。鳃盖上缘具 1 凹陷，眼退化，内通一盲腔。体被圆鳞；头部、项部、胸部被小鳞。背鳍连续，基部长，与臀鳍均分别和尾鳞相连。腹鳍狭小，左右腹鳍愈合成漏斗状吸盘，后缘完整，不凹入。尾鳍尖长。全体紫红带蓝褐色。

生态习性：暖水性近海潮间带底层鱼类。栖息于咸淡水的泥涂中或水深约 20 米处。在蛏埕处较常见。生活在红树林外围滩涂中。行动缓慢。生命力强，能在缺氧条件下生活。摄食底栖硅藻和少量无脊椎动物。分布于中国台湾海峡、南海，及印度、菲律宾。

73. 额带刺尾鱼 *Acanthurus dussumieri* (Valenciennes, 1835)

分类地位：硬骨鱼纲 Osteichthyes，鲈形目 Perciformes，刺尾鱼科 Acanthuridae。

形态特征：体呈椭圆形而侧扁。口小，端位。背鳍及臀鳍硬棘尖锐；胸鳍近三角形，尾鳍弯月形，随着成长，上下叶逐渐延长。体黄褐色，具许多蓝色不规则的波状纵线，头部黄色具蓝色点及蠕纹；紧贴着眼睛后方具一不规则的黄色斑块及眼前具一黄色带横跨眼间隔。背鳍及臀鳍黄色，基底及鳍缘具蓝带；尾鳍蓝色，具许多小黑点，基部有一黄弧带；胸鳍上半黄色，下半蓝色或暗色；尾柄棘沟缘为黑色，而尾棘则为白色。

生态习性：暖水性近岸广布种，生活于珊瑚礁丛中，要求水质清澈，水温较高海域，可食用。分布于中国台湾、南海，以及日本、菲律宾、印度尼西亚，东至夏威夷群岛，西至印度、非洲东岸、马达加斯加等海域。

图 6-73

74. 褐蓝子鱼 *Siganus fuscescens*（Houttuyn，1782）

分类地位：硬骨鱼纲 Osteichthyes，鲈形目 Perciformes，蓝子鱼科 Siganidae。

形态特征：体椭圆侧扁，侧上褐绿，下为银白；杂以白微带浅蓝的圆斑。沿体纵轴排列成行。侧线下，斑点大，成 6 行，侧线以上，斑点小，排列

图 6-74

成 18～20 行。背鳍和臀鳍的鳍棘部具明显缺刻。尾鳍在幼鱼时期成浅凹形，成鱼则呈浅叉形。受惊吓时：体色变成暗棕、灰棕和白色交杂。具 7 条臀鳍棘。

生态习性：栖于平坦底质浅水或珊瑚礁，于高纬度地区，则栖息于岩礁区或浅水湾。以各种绿藻或小型甲壳类为主食。生活水深 1～50 米。分布于西太平洋区。

75. 鲐 *Pneumatophorus japonicus*（Houttuyn，1782）

分类地位：硬骨鱼纲 Osteichthyes，鲈形目 Perciformes，鲭科 Scombridae。

形态特征：体呈纺锤形。尾柄细短，尾鳍基部左右侧各具 2 条隆起脊。脂眼睑发达。上、下颌各有细牙 1 行。

图 6-75

体被细小圆鳞，胸鳍基部鳞片较体侧者大。侧线完全，波状。背鳍 2 个，背鳍及臀鳍后方各有 5 个游离小鳍；胸鳍位高；齿细小；体侧下部无小斑点。胸鳍和腹鳍短小，两鳍间具一小鳞突。尾鳍深叉形。背部的深蓝色不规则斑纹向下扩展达侧线以下，侧线下有 1 列蓝褐色圆斑。鳃耙正常，不呈羽状。

生态习性：暖水性大洋中上层集群洄游性鱼类。有趋光性，昼夜垂直移动现象，常结群起浮。食性广，主要摄食浮游甲壳动物和鱼类，也食头足类、毛颚类、多毛类和钵水母等。主要分布于菲律宾、中国、朝鲜、日本，及远东广大太平洋西部水域。

76. 白卜鲔 *Euthynnus yaito* (Cantor, 1849)

分类地位：硬骨鱼纲 Osteichthyes，鲈形目 Perciformes，金枪鱼科 Thunnidae。

形态特征：体除胸甲及侧线外均裸露无鳞。腹鳍间突2个。具两背鳍，稍分离，第一鳍为鳍棘，第二鳍为鳍条；犁骨及腭骨均具细齿1行。鳃耙29～34个。胸部有几个深蓝色圆斑；背腹后方有7～8个小鳍；侧线上方有斜行深蓝条纹。

图 6-76

生态习性：暖水性大洋洄游鱼类。游泳能力强。在南海生殖期为5～8月，卵产于海藻丛中。分布于印度洋和太平洋，中国只见于南海。

77. 银鲳 *Pampus argenteus* (Euphrasen, 1788)

分类地位：硬骨鱼纲 Osteichthyes，鲈形目 Perciformes，鲳科 Stromateidae。

形态特征：体呈近椭圆形。头较小。口小，上颌略突出。体被细小圆鳞，且易剥离；侧线完全。背鳍及臀鳍前方软条特长，呈镰刀状，且不伸达尾鳍基部；无腹鳍。背部呈淡墨青色，腹面呈银白色，各鳍略带黄色及淡墨色边缘。

图 6-77

生态习性：近海暖温性水域中下层鱼类，有时可进入河口域。主要栖息于沿岸砂泥底水域。以水母、浮游动物等为食。分布于北美洲和南美洲沿海、大西洋非洲沿海及印度-西太平洋等海域。

78. 刺鲳 *Psenopsis anomala* (Temminck & Schlegel, 1844)

分类地位：硬骨鱼纲 Osteichthyes，鲈形目 Perciformes，长鲳科 Centrolophidae。

形态特征：体侧扁，略呈卵圆形头小，吻短。身上有叶脉状条纹，体被薄圆鳞，易脱落。体色银白，背部青灰色，腹部色较浅。鳃盖后上角有1黑斑。背鳍、臀鳍鳍全相连，与臀鳍略对称，尾鳍深叉形。眼大。

图 6-78

生态习性：生活于亚热带海域，幼鱼栖息于表水层，常躲藏于水母触须中以寻求保护，成鱼则为底栖性鱼。肉食性，以小型底栖无脊椎动物为主。产浮性卵。分布于日本至中国台湾，包括台湾北部、西部及南部海域。

79. 褐菖鲉 *Sebastiscus marmoratus* (Cuvier, 1829)

分类地位：硬骨鱼纲 Osteichthyes，鲉形目 Scorpaeniformes，鲉科 Scorpaenidae。

形态特征：头体侧扁，背鳍起点位于头后，胸鳍下部无游离鳍条，无须，眶下骨延长，头部有棘，棘棱低弱。眼

图 6-79

间隔凹深，较窄，为眼睛的一半。眼眶骨下缘无棘；眶前骨下缘有一钝棘。上下颌，犁骨及腭骨均有细齿带。背鳍鳍棘 12 根；胸鳍鳍条常为 17～19 根，第 2 眶下骨无棘。体红褐色，体侧有 6 条暗色不规则横纹。

生态习性：栖息于岩礁区，为卵胎生鱼类，以鱼类、甲壳类为食，通常固著一处等待猎物上门。分布于北太平洋西部，中国南海、东海、黄海和渤海。暖温性底层鱼类。

80. 大眼鲬 *Suggrundus meerdervoortii* (Bleeker, 1860)

分类地位：硬骨鱼纲 Osteichthyes，鲉形目 Scorpaeniformes，鲬科 Platycephalidae。

形态特征：头体平扁，体被鳞，棘棱发达，眼后无一深凹洼，头侧有 2 纵

图 6-80

棱，眶下棱等具棘突，眼大，上侧位，虹膜具一圆形突起，中间凹入，分 2 叶，口大，前位，上下颌、犁骨和腭骨具绒毛状齿群，头背面有锯齿棱和颗粒状突起，侧线鳞仅前方数鳞各具一小棘，犁骨齿群分离为 2 纵群，前鳃盖骨具 3 棘，鳃盖骨具 2 棘，间鳃盖骨有皮瓣。

生态习性：栖息于近海底层，以小鱼和虾为食。分布于我国东海和南海，以及朝鲜、日本。

81. 棘线鲬 *Grammoplites scaber* (Linnaeus, 1758)

分类地位：硬骨鱼纲 Osteichthyes，鲉形目 Scorpaeniformes，鲬科 Platycephalidae。

形态特征：头侧各具 2 条隆起棱线。头部各隆起棱线上无锯齿或颗粒状突起，锄骨齿两簇，眼眶骨无前向之棘；眼眶无皮瓣。侧线上之鳞片全部具小棘约 55 枚。体呈褐色，腹部为白色，体侧

图 6-81

有 5～6 条宽狭不等之黑色横带。第一背鳍有非常小的斑点，形成 1 稍明显的黑直斑；第二背鳍、臀鳍及尾鳍有数列棕色斑点。

生态习性： 属于热带近海底层鱼类。栖息于沿岸沙泥底质海域。活动性差，常停滞于一地或潜入沙中，以小鱼及甲壳类为食。分布于印度、南洋群岛，以及中国南海、台湾海峡等海域。

82. 鲬 *Platycephalus indicus*（Linnaeus，1758）

分类地位： 硬骨鱼纲 Osteichthyes，鲉形目 Scorpaeniformes，鲬科 Platycephalidae。

形态特征： 体延长而平扁，向后渐细。一般体长 20～30 cm。头宽甚平扁，吻背面近半圆形，下颌长于上颌，两颌、前鳃盖骨后缘有 2 个尖棘，背面

图 6-82

及体两侧均有带小棘的骨棱。体被小而不易脱落的栉鳞，体背褐色，其上分布着黑褐色的不规则小斑点，腹部为淡黄色。背鳍、臀鳍、尾鳍上均有些棕色的小斑点。背鳍 2 个，分离，胸鳍大而圆；腹鳍始于胸鳍后方；背鳍和臀鳍各有 13 根鳍条；尾鳍截形。大者体长可达 1 米。身体侧线均无棘，前鳃盖棘 2 枚。

生态习性： 栖息在水深 30 米的砂质底，分布于印度洋和太平洋西部。

83. 牙鲆 *Paralichthys olivaceus*（Temminck & Schlegel，1846）

分类地位： 硬骨鱼纲 Osteichthyes，鲽形目 Pleuronectiformes，牙鲆科 Paralichthyidae。

形态特征： 体延长、呈卵圆形、扁平。双眼位于头部左侧。有眼侧体灰褐色，具黑色斑和小白点。尾柄长而高。口大，前位。口裂斜、左右对称。牙尖

图 6-83

锐，呈锥状，上下各 1 行，均同样发达。前部牙齿较大，呈犬状。背鳍约始于上眼前缘附近，左右腹鳍略对称、尾鳍后缘呈双截形。奇鳍均有暗色斑纹、胸鳍有暗点或横条纹。背鳍、臀鳍大部分鳍条不分支。左右侧线同样发达，在胸鳍上方有 1 弓状弯曲部，无颞上支。

生态习性： 冷温性底栖鱼类，具有潜沙习性。分布于中国、朝鲜半岛和日本沿海，为常见经济鱼类。

84. 蛾眉条鳎 *Zebrias quagga*（Kaup，1858）

分类地位： 硬骨鱼纲 Osteichthyes，鲽形目 Pleuronectiformes，鳎科 Soleidae。

形态特征：峨眉条鳎体侧扁，吻钝圆，两眼位于头右侧，眉部各有 1 黑触角状皮突；眼间隔窄。口前位有两条侧线，仅左侧有绒状小颌齿。两侧蒙栉鳞，左侧头部有绒状突。侧线有颞上枝。有胸鳍，头体右侧约有 12 对横带

图 6-84

条纹，尾鳍与背鳍，臀鳍相连，无明显尾柄；背鳍始于吻端背侧；臀鳍似背鳍。峨眉条鳎右侧黄褐色，约有 11 条棕黑色横带状斑，斑中央较淡且伸入鳍内；鳍黄色，尾鳍常有 4 个棕黑色横斑；左侧黄白色。

生态习性：栖息于沿岸浅水区的沙与泥底部处。以底栖无脊椎动物为食。主要分布于中国台湾到北部湾，并达波斯湾。

85. 黑点圆鳞鳎 *Liachirus melanospilus*（Bleeker，1854）

分类地位：硬骨鱼纲 Osteichthyes，鲽形目 Pleuronectiformes，鳎科 Soleidae。

形态特征：两眼位于头右侧，眼间隔处具鳞片。前鼻管单一短小，伸达至极短小的后鼻管之前。头短钝。口小，近下位，仅盲侧上下颌具细齿带。两侧体侧皆被圆鳞。无胸鳍；腹鳍左右对称或近对称，眼侧基底短；尾鳍与背、臀

图 6-85

鳍分离。眼侧体淡灰褐色，有许多褐色杂斑及环纹，各鳍具褐色斑及小黑点；盲侧淡黄白色。鳍色也较淡，且无斑点。

生态习性：暖水性底层小海鱼。栖息于大陆棚泥沙底质海域，以底栖性甲壳类为食。分布于中国台湾、两广及海南岛等海区，国外西至泰国，南至印度尼西亚，东至菲律宾，北至日本南部。

86. 卵鳎 *Solea ovata*（Richardson，1846）

分类地位：硬骨鱼纲 Osteichthyes，鲽形目 Pleuronectiformes，鳎科 Soleidae。

形态特征：体呈卵圆形，两眼位于头右侧，眼间隔处具鳞片。口小，口裂弧形，口裂达下眼前下方；侧齿不发达，盲侧具细齿状。两侧被栉鳞，侧线被圆鳞。背鳍与臀鳍被鳞，不与尾鳍相连；左右腹鳍约对称；尾鳍圆形。眼侧体橄榄褐色，且散具小黑点，沿背缘有 5 个黑

图 6-86

圆斑，沿腹缘侧有4个，沿侧线则有7～8个。

生态习性： 栖息于近岸泥沙底浅水水域。以底栖无脊椎动物为食。分布于印度–太平洋热带海域，中国台湾南部、北部及西部海域。

87. 丝背细鳞鲀 *Stephanolepis cirrhifer*（Temminck & Schlegel，1850）

分类地位： 硬骨鱼纲 Osteichthyes，鲀形目 Tetraodontiformes，革鲀科 Aluteridae。

形态特征： 体呈菱形，头高大于头长。口端位。鳃孔位于眼后半部或后缘下方。体鳞粗糙，每一鳞片只具一中央强棘。第一背鳍棘在后眼缘的上方，棘后缘有小棘；雄鱼背鳍第一鳍条延长呈丝状。体灰或灰绿色，具许多水平细黑纹，夹杂许多小黑点。尾鳍色较深，具二条弧形纹。

图 6-87

生态习性： 近海底层鱼类，喜聚集生活。肉食性鱼类，主要以小型甲壳类、贝类及海胆等为食。

88. 中华单角鲀 *Monacanthus chinensis*（Osbeck，1765）

分类地位： 硬骨鱼纲 Osteichthyes，鲀形目 Tetraodontiformes，单棘鲀科 Monacanthidae。

形态特征： 体呈菱形。口稍上位。鳃孔位于眼后半部下方。腹鳍膜极大。体鳞大，鳞中央具1强棘，尾柄具3对由鳞特化形成的倒钩；身体散步少许小皮质突起。第一背鳍棘强，位于眼中央

图 6-88

上方，棘侧各具4～6个向下弯曲的小棘。体色浅褐色；具深褐色斑点，头部深褐色，身体有由褐色点构成的2大块横斑。尾鳍浅棕色，基部有1条宽黑纵带，后半部有2条细黑纵带，最上尾鳍鳍条可能延长。

生态习性： 主要栖息于沿岸、近海礁区或河口区。主要以藻类、小型甲壳类及小鱼等为食。分布于印度西太平洋区，包括琉球群岛、印度尼西亚、澳大利亚、日本南部、中国台湾、萨摩亚群岛等海域。

89. 弓斑东方鲀 *Takifugu ocellatus*（Linnaeus，1758）

分类地位： 硬骨鱼纲 Osteichthyes，鲀形目 Tetraodontiformes，鲀科 Tetraodontidae。

形态特征： 体椭圆形，尾部尖细。吻钝。口小，端位。颌各具2个喙状牙板。体

裸露，仅背、腹部门中密布小刺。背、臀鳍相对；胸鳍宽短；无腹鳍；尾鳍截形。背侧具1鞍状斑，背鳍基部有1大黑斑。

生态习性：为近海底层肉食性鱼类，以贝类、甲壳类和小鱼为食。多栖息于沿海及河口附近。遇敌时吸气胀成球形，漂浮水面。分布于中国东南沿海及其江河下游。

图 6-89

90. 纹腹叉鼻鲀 *Arothron hispidus*（Linnaeus，1758）

分类地位：辐鳍鱼纲 Actinopterygii，鲀形目 Tetraodontiformes，鲀科 Tetraodontidae。

形态特征：体无鳞，被小钝刺，体长一般 100～210 mm，大者体长可达 500 mm 左右。小刺有时埋于皮下不显著，该鱼体被小刺，埋于皮下，性懒而贪吃，但在肛门前方常有一群较大的鱼屯刺。鼻瓣为两分叉的皮质突起。体背侧有许多白色圆点，腹部具若干条白色纵纹。

图 6-90

生态习性：生活于 3～50 米海域，幼鱼偏好在河口区活动，属广盐性鱼类。游动缓慢，受惊吓会泵入大量的空气或水，将鱼体涨大成圆球状，以吓退掠食者。晚上就地而眠，很少躲入洞中。肉食性，以小型底栖无脊椎动物为主。该鱼分布于印度太平洋区。该鱼卵巢和肝脏有河豚毒素，皮肤和肠也有毒。多用作观赏。

第 7 章　滨海习见其他类群动物图谱

7.1　腔肠动物门 Cnidaria

1. 黄斑海蜇 *Rhopilema hispidum*（Vanhöffen，1888）

分类地位： 钵水母纲 Scyphozoa，根口水母目 Rhizostomeae，根口水母科 Rhizostomatidae。

形态特征： 伞径 350～540 mm，伞部半球形，半透明，中央较肥厚，结实，伞缘较薄。外伞表面密布黄色细小斑点，伞缘有 8 个感觉器。辐管 16 条，延伸至伞缘。口腕 8 条。

图 7-1

生态习性与经济意义： 为热带种类。浮游生活于 3～20 米深的海水中，依靠伞内环状肌收缩进行游动。沙滩上有时可见。口腕上的刺细胞可用以捕食以及防御敌害。经过加工可供食用。

2. 纵条矶海葵 *Haliplanella luciae*（Verrill，1898）

分类地位： 珊瑚纲 Anthozoa，海葵目 Actiniaria，纵条矶海葵科 Haliplanellidae。

形态特征： 体壁圆筒状，灰褐色至橄榄绿色，均匀分布 12 条橙红色纵条，相邻橙红色纵条间可见深褐色纵条。触手多枚，长条形。

生态习性： 以基盘固着于岩石或贝壳上，触手可伸出体壁。肉食性。可入药。

图 7-2

7.2 星虫动物门 Sipuncula

裸体方格星虫 *Sipunculus nudus*（Linnaeus，1766）

分类地位：方格星虫纲 Sipunculidea，方格星虫目 Sipunculiformes，方格星虫目科 Sipunculidae。

形态特征：体红色略显乳白，呈长圆形，长 120～250 mm。体壁纵肌成束，与环肌交错排列成格子状花纹，体壁纵肌 30～32 条，条次分明。吻短，基部有 1 环钩，吻前段光滑，前端有 1 圈触手，伸长呈星状，收缩时皱褶。口位于中间。后端钝，肛门成 1 横列缝，其位置在接近体前六分之一的背面。

图 7-3

生态习性：生活于沿海潮间带，营穴居生活，涨潮时钻出滩涂，退潮时钻伏在滩涂中。穴呈圆形而细长，靠吻部及肌肉的收缩，在泥沙中钻穴及在水中作蛇形游泳。以底栖硅藻、有机碎屑为食。

7.3 节肢动物门 Arthropoda

中国鲎 *Tachpleus tridentatus*（Leach，1819）

分类地位：肢口纲 Merostomata，剑尾目 Xiphosura，鲎科 Tachypleidae。

形态特征：体似瓢形，深褐色，由头胸部、腹部和尾剑三部分组成。被覆硬甲，背面圆突，腹面凹陷。尾剑呈三棱锥形，上棱角及下侧两棱角靠近身体一段均具锯齿状小刺，尾剑与背甲长度大致相等。

图 7-4

生态习性与经济意义：生活于水深 40 米以内的泥沙质海底，以蠕虫、环节动物、腕足动物及软体动物为食。昼伏夜出。

7.4 腕足动物门 Brachiopoda

1. 亚氏海豆芽 *Lingula adamsi*（Dall，1873）

分类地位：无铰纲 Inarticulata，海豆芽目 Lingolida，海豆芽科 Lingulidae。

形态特征：体长 6～10 mm，分为具壳的躯体部和长的柄部两部分，躯体部有背腹之分，外壳呈纵的宽长方形，背腹扁平，腹壳稍长于背壳，壳质脆薄；壳面平滑，具油脂光泽，周缘外套膜有刚毛，同心生长线清晰、均匀；柄部细长，具半透明的角质层，表面有环纹，自上向下渐细；生活时壳表略呈灰红色或淡红色。

图 7-5

生态习性：栖息于潮间带细砂质或泥沙质底内，借肌肉收缩挖掘泥沙，营穴居生活。

2. 鸭嘴海豆芽 *Lingula anatina*（Lamark，1801）

分类地位：无铰纲 Inarticulata，海豆芽目 Lingolida，海豆芽科 Lingulidae。

形态特征：身体构造与亚氏海豆芽相近，但外壳呈纵的窄长方形，柄部更为细长；生活时壳表呈绿色或褐绿色。

生态习性：栖息于潮间带细砂质或泥沙质底内，借肌肉收缩挖掘泥沙，营穴居生活。

图 7-6

7.5 棘皮动物门 Echinodermata

1. 紫海胆 *Anthocidaris crassispina*（A. Agassoz, 1863）

分类地位：海胆纲 Echinoidea，拱齿目 Camarodonta，长海胆科 Echinometridae。

形态特征：壳直径 60～70 mm，半球形，紫厚而低，坚固。口面平坦。步带管足 7～9 对，排列成弧状。步带和间步带各有大疣两纵行，大疣两侧各有 1 纵行中疣，此外沿着各步带和间步带中线还各有交错排列的一纵行中疣。管足内有特殊的弓形骨片，两端尖细。背部中央常有 1 个突起。棘黑紫色，口面棘常带斑纹，光壳暗绿色，大疣和中疣顶端稍带淡紫色。

图 7-7

生态习性与经济意义：栖息于浅海海底，杂食性，成海胆主要摄食马尾藻等大型藻类。食用部分为海胆生殖腺，俗称"海胆黄"。深圳大亚湾已有人工养殖。

2. 细雕刻肋海胆 *Temnopleurus toreumaticus*（Leske, 1778）

分类地位：海胆纲 Echinoidea，拱齿目 Camarodonta，刻肋海胆科 Temnopleuridae。

形态特征：壳直径 40～50 cm，半球形，灰黄色，坚固。反口面大棘短小，尖锐呈针状；口面大棘较长，略弯曲；赤道部大棘最长，末端宽扁成截断形。壳为黄褐、灰绿等色。大棘在灰绿、黑绿或浅黄褐色底色上，有 3～4 条红紫或紫褐色横斑；也有的个体全为白色。

图 7-8

生态习性：栖息于海藻分布较多的泥沙质海底。

3. 荡皮海参 *Holothuria vagabunda*（Selenka, 1867）

分类地位：海参纲 Holothuroidea，楯手目 Aspidochirota，海参科 Holothuriidae。

形态特征：体长 200～300 mm，圆筒状，后部较粗大。体柔软，表面黑色，褶皱多，密布有疣状突起。口、肛门分别位于体两端。皮内骨片主要为桌形体和扣状

图 7-9

体。桌形体底盘为圆形，中央有 4 个大孔，周围有 8～14 个小孔，塔顶有一大圆孔，周围有 8～11 个小齿；另有较小的桌形体。扣状体骨片多为椭圆形，有穿孔 3～4 对。

生态习性与经济意义：栖息于藻类丛生的泥沙质海底。加工后可供食用。

第8章 观赏性海洋贝类图谱

8.1 观赏性贝类简介

海洋贝壳蕴含着海的记忆，有美丽的虹彩光泽，总能勾起我们对于海的浪漫怀想，是很多人喜爱的物品。就像珍珠，其晶莹瑰丽从古到今都吸引人们的兴趣，成为珍爱的饰物。贝壳一般可分为3层，最外层是外套膜边缘分泌的壳质素构成的角质层，为黑褐色，有防止侵蚀的作用；中层为外套膜边缘分泌的方解石构成的棱柱层，较厚；内层为外套膜表面分泌的叶片状文石叠成的珍珠层，有美丽光泽，可随身体增长而加厚。观赏性贝类一般经过加工，使珍珠层更显迷人的光泽和变幻的色彩，而外表干净光滑，用于陈设、制作贝雕、拼贴画、镶嵌刀柄，有些进一步加工用于制作项链、服装纽扣，甚至安装在首饰上。家居生活中贝壳的运用也极为广泛，让你的家呈现出东南亚风景的自然风格。如放置于案头或间断式的书架之上，如藏品般慢慢寻味；做成窗帘扣，小吊环，不加修饰，富有诗意；用贝壳做成特殊的背景墙，彰显匠心和创作力。贝壳在家居中的运用可让人们在家中也犹如置身海边。

8.2 习见观赏性贝类

1. 羊鲍 *Haliotis Ovina*（Gmelin，1791）

分类地位：腹足纲 Gastropada，原始腹足目 Archaeogastropoda，鲍科 Haliotidae。

形态特征：壳宽短，近圆形。螺层约4层，壳表面粗糙，有黑褐色斑块。壳顶位于近中部而高于壳面，螺旋部与体螺部各占1/2，从螺旋部边缘有2行整齐的突起，尤以上部较为明显，末端4～5个开孔，呈管状。贝壳为灰绿色或褐色，有橙黄色和白色斑。

图 8-1

壳内面呈现青、绿、红、蓝等色交相辉映的珍珠光泽。

生活习性与经济意义：分布于中国台湾、海南岛、西沙群岛和南沙群岛，印度-西太平洋热带海区。栖息于潮间带岩礁或珊瑚礁质海底，壳表常附着石灰虫或苔藓虫等。肉质鲜美，营养丰富。"鲍、参、翅、肚"，都是珍贵的海味，而鲍鱼列在海参、鱼翅、鱼肚之首。鲍壳是著名的中药材——石决明，古书上又叫它千里光，有明目功效，因此得名。石决明还有清热平肝、滋阴潜阳作用，可用于医治头晕眼花、高血压及发烧引起的手足痉挛、抽搐，其他炎症等。鲍壳色彩绚丽的珍珠层还能作为装饰品和贝雕工艺的原料。因鲍叔牙十分爱吃，而被命名为"鲍鱼"。

2．寺町翁戎螺 *Perotrochus teramackii*（Kuroda，1955）

分类地位：腹足纲 Gastropoda，原始腹足目 Archaeogastropoda，翁戎螺科 Pleurotomariidae。

形态特征：壳长 80 mm；贝壳呈低圆锥形，壳质较薄，缝合线稍深。壳面呈橘黄色，雕刻细致，呈布纹状。外唇中部有 1 明显的裂缝，是特有的排泄孔，脐孔大，角质厣，圆形。

图 8-2

生活习性：分布于中国东海和台湾的东北、西南外海，以及日本。栖息于水深 100～500 米的砂或砂砾质底。翁戎螺科动物种类较少，是古老的物种，有"活化石"之称。亿万年以来，它遵循自然的几何法则呈现优雅的壳体，其生长曲线精确程度在大型螺类中极为少见。

3．大马蹄螺 *Trochus niloticus*（Linnaeus，1767）

分类地位：腹足纲 Gastropoda，原始腹足目 Archaeogastropoda，马蹄螺科 Trochidae。

形态特征：是马蹄螺科最大的贝壳，呈锥形，壳高、壳长、壳宽几乎相等。壳表光滑，壳面乳白、浅粉红或黄褐色，具明显暗红、粉红或褐紫色条斑，条斑呈放射状，纵向分布，愈向下愈粗，一直延伸到底面。壳

图 8-3

口内有珍珠光泽，壳内珍珠层厚，可制作纽扣或贝雕工艺品。体螺层壳周稍膨胀。螺层 8～9 层，螺面有细环肋与右斜螺纹交叉。螺旋部上方缝合线处生有一些短粗中空的棘状突起，但不很显著；在小个体，中空粗棘明显突出，并遍布于整个螺旋部缝合线处，同时，小个体螺层与螺层间螺肋较粗，多由颗粒肋组成。底面较平，同心环肋光滑，有细螺纹交叉。内唇和轴唇甚厚实，两者微隆，中间凹入，内外缘珍珠质层厚，虹彩光泽强；外唇较薄，平滑，内壁光滑有亮泽，内侧平滑。脐部滑层发达，覆

盖大半脐部，上部漏斗状，形成假脐。厣圆形，薄而轻，黄褐色，为多旋型，核居中央。

生活习性：分布于中国台湾、广东及海南各岛屿，印度 – 西太平洋热带海区如菲律宾群岛、新几内亚岛、大堡礁、斐济群岛、所罗门群岛、贝劳群岛等热带珊瑚礁海域。栖息于高温、高盐、水质澄清和海藻茂密的岩礁周围，从潮间带至潮下带均有采获，底质以沙泥最佳。栖息水深 3～30 米，以 7～10 米最多，个体随水深增加而增大。喜群居，在岩礁底或岩礁间营匍匐爬行生活，以海藻为主食。大马蹄螺 2～3 年性成熟，其时壳高为 70～100 mm，繁殖季节在 1—3 月和 7—9 月。大马蹄螺的最大壳高可达 150 mm，个体寿命可达 10 年。近年分布在浅水区的数量已经减少，个体也越来越小，资源受到破坏。

4. 蝾螺 *Turbo petholatus*（Linnaeus，1758）

分类地位：腹足纲 Gastropoda，中腹足目 Mesogastropoda，蝾螺科 Turbinidae。

形态特征：贝壳呈圆锥形，壳长 40 mm，螺层约 6 层，螺旋部约为螺高的 1/2，体螺层膨大，缝合线明显。壳面平滑，具瓷光，呈咖啡色，具有细密的纵行线纹和粗细相间的棕色螺带，螺带上有浅黄色和白色小条斑。生长线细密。壳内具珍珠光泽，无脐孔。厣呈墨绿色，外有小颗粒。

图 8 – 4

生活习性：分布于中国台湾、西沙群岛和南沙群岛，印度 – 西太平洋也有分布。生活于热带珊瑚礁质海底。

5. 丽褶凤螺 *Strombus plicatus pulchellus*（Reeve，1851）

分类地位：腹足纲 Gastropoda，中腹足目 Mesogastropoda，凤螺科 Strombidae。

形态特征：壳较小。螺层约 9 层，螺旋部呈塔状，各层中部稍膨胀形成肩角，缝合线下方有 1 带状螺肋。壳面灰白色，有稀疏的黄褐色斑纹。纵肋较粗，螺肋细密仅基部

图 8 – 5

肋纹明显。壳口窄长，内面铁锈色，具细的肋纹。外唇极度扩张，前凹窦大，背缘有 1 发达的纵肿肋；内唇亦呈铁锈色。前沟宽短；后沟窄小。

生活习性：主要分布于中国海南（黎安、新村、南沙群岛），中国台湾和日本、菲律宾、印度尼西亚也有分布。生活在浅海。

6. 蜘蛛螺 *Lambis lambis* (Linnaeus, 1758)

分类地位：腹足纲 Gastropoda，中腹足目 Mesogastropoda，凤螺科 Strombidae。

形态特征：贝壳大，坚实，形似蜘蛛，壳长约170 mm。螺层约9层，缝合线明显，壳面杂有褐色斑点和花纹，背面有两列发达的结节突起，腹面平滑。壳口窄长，呈肉色、灰白色或橘黄色。外唇扩张，边缘生有7条爪状棘（幼体除外）。本种的雌雄个体外型有区别，通常雌体背部的两个结节较大，而雄体背部的结节较小。

生活习性与经济意义：分布于中国台湾、海南岛、东沙群岛、南沙群岛和西沙群岛，印度-西太平洋。生活于低潮区及潮下带10~20米的浅海，多在珊瑚礁质的平台砂质或有藻类丛生的海底生活；为海南岛以南各岛屿习见种。肉可食，贝壳形状奇特，壳表颜色美丽，鲜艳有光泽，可供观赏，也可制作装饰品，价值较高，备受人们赏识，故遭受掠捕，资源量大为减少，应大力保护。

图8-6

7. 水字螺 *lambis chiragra* (Linnaeus, 1758)

分类地位：腹足纲 Gastropoda，中腹足目 Mesogastropoda，凤螺科 Strombidae。

形态特征：雌雄异体，雌性较大。壳质厚实，呈纺锤形，体层膨大，螺塔短。壳口边缘角状的突出极发达，甚至遮盖了螺塔。壳顶尖锐，所有的螺层均有棱角。具有6支棘，状似水字，幼小的水字螺则无棘，雌性在背部中央有一个大瘤。体层上有不规则呈瘤状的螺肋，最厚的螺肋末端形成弯曲的突出。壳表为白色-奶油色，并布有淡黄褐色-深褐色的斑及斑点。壳口与外唇为玫瑰粉红-橘色。壳口多狭长，具前、后水管沟，外唇宽厚，前端常有虹吸道。最具特色的是双眼发达，眼柄上有长而尖的触手，可自由伸缩。在第四、第五足间有很显明的"凤凰螺缺刻"，这个缺刻是该螺类右眼伸出偷窥外界环境变化的管道。厣小角质，边缘常呈锯齿状。

图8-7

生活习性：分布于中国台湾、海南岛、西沙到南沙等。生活在温暖水域低潮线附近至数米水深珊瑚间和岩礁的沙质海底，以藻类和有机碎屑为食，潮水退后常潜入不深的沙中。足部窄，强壮，行动敏捷，可以向前跳动达10.2厘米之远。肉可食，贝壳形状奇特，壳表颜色美丽，鲜艳有光泽，可供观赏，也可制作装饰品，价值较高。

8. 瘤平顶蜘蛛螺 *Lambis truncata sebae* (Kiener, 1843)

分类地位：腹足纲 Gastropoda，中腹足目 Mesogastropoda，凤螺科 Strombidae。

形态特征：贝壳大而厚重，成体壳长可达 300 mm 以上。螺层约 10 层，缝合线呈波状。壳面白色，粗糙不平，有螺肋和大的瘤状突起，并有淡褐色斑点。壳内肉色或橘黄色，外唇极度扩张，边缘具有 7 条长短不等的棘。

生活习性：分布于中国台湾、海南岛、东沙群岛、西沙群岛和南沙群岛，印度-西太平洋暖水区。生活在低潮线附近至水深约 10 米的珊瑚礁间沙质海底和有藻类生长的地方。

图 8 - 8

9. 珍笛螺 *Tibia martinii* (Marrat, 1877)

分类地位：腹足纲 Gastropoda，中腹足目 Mesogastropoda，凤螺科 Strombidae。

形态特征：壳近纺锤形。螺层约 12 层，螺旋部呈塔状，体螺层膨胀，缝合线明显。壳面光滑呈黄褐色，有细密的螺肋，纵肋均仅出现在顶部数层。壳口近梭形。外唇向外翻卷，唇缘有 6 枚齿；内唇光滑。前沟呈半管状，前延伸；后沟呈缺刻状。

生活习性：分布于中国台湾海峡和海南岛，热带西太平洋。生活于潮下带至较深的沙泥质海底。

图 8 - 9

10. 长笛螺 *Tibia fusus* (Linnaeus, 1758)

分类地位：腹足纲 Gastropoda，中腹足目 Mesogastropoda，凤螺科 Strombidae。

形态特征：贝壳修长，螺层约 18 层，螺塔窄而伸长；上部具有明显的纵横细螺肋，下部有细弱的螺旋纹。前水管沟直而长，呈针状，长度几乎与壳体相当。体层底

图 8 - 10

部有螺旋沟，其他螺层则光滑。所有螺层明显凸圆，缝合线深刻。壳面淡黄褐色，沿缝合线下方有 1 条黄白色的细螺带。螺轴内唇滑层上端有一钝齿，下端与前水管沟融合。外唇厚度中等，其后水管沟与内唇滑层会合；有 5 枚钝突齿，长度由上而下渐增。壳表呈浅褐色，具有较细弱的环纹，缝合线处较淡；外唇和螺轴为乳白色。角质口盖呈卵形，微曲。

生活习性与经济意义： 分布于中国台湾、海南岛和南沙群岛，西太平洋和印度洋。生活在潮下带至稍深的泥沙质海底。肉可食，贝壳形状奇特，壳表颜色美丽，鲜艳有光泽，可供观赏，也可制作装饰品，价值较高。

11. 蛋白乳玉螺 *Polinices albumen*（Linnaeus，1758）

分类地位： 腹足纲 Gastropoda，中腹足目 Mesogastropoda，玉螺科 Naticidae。

形态特征： 贝壳扁球形，壳宽40 mm。螺层约5层，螺旋部极低，体螺层极宽大，几乎占贝壳的全部。壳面膨胀，橘黄或黄褐色，沿壳顶缝合线有一环形的淡黄色螺带。壳口半圆形，脐部宽大，有发达的牛角状脐索，脐孔深。与乳玉螺相似，但刻纹较密。

图 8 - 11

生活习性： 分布于中国广东、台湾海峡及海南岛；印度-西太平洋海区。生活在潮间带至浅海沙或泥沙质海底。

12. 卵梭螺 *Ovula ovum*（Linnaeus，1758）

分类地位： 腹足纲 Gastropoda，中腹足目 Mesogastropoda，梭螺科 Ovulidae。

形态特征： 壳厚，呈卵形。背部膨圆，两端凸出。壳面白瓷色，表面平滑，有光泽。壳口狭长而弓曲，内面呈红褐色。外唇厚向内翻卷，从背面看，外唇有壳缘且凹凸不平。内缘有褶脊，顶端分布至末端的齿参差不齐。上水管沟突出，并极度扭曲，下水管沟亦突出，但较直。

图 8 - 12

生活习性： 分布于中国广东、海南、台湾，印度-太平洋。生活在低潮线附近至浅海的岩礁或者珊瑚间。

13. 虎斑宝贝 *Cypraea tigris*（Linnaeus，1758）

分类地位： 腹足纲 Gastropoda，中腹足目 Mesogastropoda，宝贝科 Cypraeidae。

形态特征： 贝壳呈卵圆形，壳长98 mm；壳面极光滑，壳色常随栖息环境变化而呈灰白或淡褐色，布满不规则的黑褐色斑点，两侧和腹面为白色。壳口窄长，内白色，两唇缘具齿列；前沟凸出，后沟钝。

图 8 - 13

生活习性与经济意义： 分布于中国台湾、香港、海南岛、西沙和南沙群岛，印度-太平洋暖水区。栖息于低潮区或稍深的岩礁质海底，退潮后常隐居在洞穴和缝隙间。因其美丽的外形，而倍受广大贝类收藏者的青睐，具有较高观赏和收藏价值。在我国被列为二级保护动物。

14. 绶贝 *Mauritia mauritiana*（Linnaeus，1758）

分类地位：腹足纲 Gastropoda，中腹足目 Mesogastropoda，宝贝科 Cypraeidae。

形态特征：壳长 102 mm；贝壳大而厚重，呈卵圆形。背部中央隆起，壳面黑红褐色，具黄白色的斑点，两侧缘和腹面呈黑褐色，无斑点。壳口长而弯曲，壳内呈淡紫色。两唇齿短而强，外唇齿约 24 枚，内唇齿约 21 枚。

图 8 - 14

生活习性：分布于中国台湾、海南岛和西沙群岛，印度洋和太平洋。生活在浅海岩礁或珊瑚礁间。

15. 黍斑眼球贝 *Erosaria miliaris*（Gmelin，1791）

分类地位：腹足纲 Gastropoda，中腹足目 Mesogastropoda，宝贝科 Cypraeidae。

形态特征：壳呈卵圆形，两端微凸出，前端较后端细瘦。螺旋部被滑层覆盖，体螺层背部中央隆起，有瓷光。壳面黄褐色，布

图 8 - 15

满大小不等的白色斑点。两侧缘向上翻卷，卷缘形成 1 列小的侧凹，侧凹在壳中部常被滑层覆盖。壳基部稍隆起，呈白色。壳口狭长，内面淡紫色，唇齿粗稀，向基部延伸。外唇齿 15～19 枚，内唇齿约 15 枚。

生活习性：分布于中国台湾、广东以南沿海、广西，印度-太平洋暖水区。生活在低潮区至浅水岩礁间，退潮后常隐居在石块下或缝隙间。

16. 冠螺（唐冠螺）*Cassis cornuta*（Linnaeus，1758）

分类地位：腹足纲 Gastropoda，中腹足目 Mesogastropoda，冠螺科 Cassididae。

形态特征：壳重，有大而厚的轴盾，似帽状，螺塔低，体螺层膨大。壳面有纵胀肋，彼此呈直角排列。肩角有一列大结节，下面有 2 条带突起的螺肋。壳表布满了成列的小凹陷。外唇极厚，中间有 6～7 枚大齿。螺轴有

图 8 - 16

一些波浪形的强褶襞。壳面呈灰色或白色，外唇后面有褐色条带。外唇齿和螺轴呈橘色。前沟狭窄，弯向背方。雄贝较小，而结节呈角状。

生活习性与经济意义：分布于中国台湾和西沙群岛，产于中国台湾的小琉球岛及南部海域、南海一带。在东非沿岸、加罗林群岛、萨摩阿群岛、夏威夷群岛、日本南

部等分布广泛。暖海产种类、生活栖息在低潮线水深 1～30 米的碎珊瑚底质的浅海。主要以棘皮动物等为食。肉可食用，壳供观赏，可用于雕刻。贝类家族的"四大天王"之一，由于唐冠螺体大、庄重、大气，常被收藏者陈列在厅室，展示一种海洋文化。属于国家Ⅱ级保护动物。

17. 宝冠螺 *Cypraecassis rufa*（Linnaeus，1758）

分类地位：腹足纲 Gastropoda，中腹足目 Mesogastropoda，冠螺科 Cassididae。

形态特征：壳呈卵圆形，坚厚，螺层约 7 层，缝合线明显，螺塔低，体螺层背部膨大向前渐缩小，右侧缘内凹呈沟状。壳面紫褐色，右侧缘呈黄白色有紫褐色斑。螺肋较粗

图 8－17

稀，纵肋明显近前端 2 列呈白色。体螺层有 4 列瘤状突起，上方两列突起较强大，越向前端越小，列间有较小的瘤和凹槽。壳口狭长，末端的前水管沟小且上翘。在前水管沟的上方有分散而明显的纵肋，并被同样强度的螺肋一分为二。沿外唇内缘有 22～24 枚齿，轴唇褶白色，轴间深褐色。

生活习性与经济意义：分布于印度－太平洋暖水区域、日本冲绳岛以南、琉球群岛、菲律宾、印度尼西亚、澳大利亚、波利尼西亚东方的莱恩群岛、南非。宝冠螺俗称"万宝螺"，暖水性种类，栖息于浅海沙质岩礁间或珊瑚礁海底。宝冠螺螺壳厚而重，整体颜色金黄，尊贵无比，手感光滑而温润，数量稀少难捕捉，收藏、观赏、装饰价值一流。

18. 法螺 *Charonia tritonis*（linnaeus，1758）

分类地位：腹足纲 Gastropoda，中腹足目 Mesogastropoda，嵌线螺科 Cymatiidae。

形态特征：贝壳特大，外形似号角状。螺层约 10 层，缝合线浅。螺旋部高，尖锥形，体螺层膨圆。壳面光滑，黄红色，具粗细相间的螺肋和结节突起，并有纵肿肋，有紫褐色鳞状斑和花纹。壳口卵圆形，内面橘红色，外唇内缘具有成对的红褐色齿肋。轴唇上有白褐相间的条状褶襞。前沟短而微曲。

图 8－18

生活习性与经济意义：分布于中国台湾和西沙群岛，印度－西太平洋暖区。生活在浅海约 10 米水深的珊瑚礁或岩礁间，喜栖于藻类丛生的生活环境中。法螺常被称为保护珊瑚礁的卫士，因棘皮动物中有一种叫棘冠海星的动物，嗜吃活的珊瑚虫，法螺就喜食这种海星。由于过度捕杀，近年来在我国沿海已很难采到。古代的部族和军队用它作为号角，由于寺院和庙宇的僧道用此作为

布道昭示的法器,故名"法螺"。四大名螺之首。法螺传说有定风浪作用,对于创业者有一帆风顺寓意。号称"天下第一法螺",目前国内最大的法螺是 77.14 cm 长。

19. 土发螺 *Tutufa bubo*(Linnaeus,1958)

分类地位:腹足纲 Gastropoda,中腹足目 Mesogastropoda,蛙螺科 Bursidae。

形态特征:贝壳大,高度可达 200 mm 以上,壳质坚实。螺层约 11 层,螺旋部高,呈圆形,体螺层膨圆。壳面黄褐色,密布深褐色的斑点或斑块。壳面有大小不等的结节突起,螺旋部各层中部与体螺层肩部的螺肋由 2 条螺肋并列而成,螺层肩部结节突起较大,各螺层在不同的方向有纵肿肋,排列不规则。壳口大,卵圆形,内面淡黄色。外唇边缘具齿状缺刻及紫褐色斑点,内缘有齿状突起。前沟半管状,后水管沟明显。厣角质。

图 8-19

生活习性:分布于中国台湾、海南岛、西沙群岛、南沙群岛,广布于印度-西太平洋暖水区,北自日本南部经菲律宾,南至澳大利亚(新南威尔士州)及新西兰北部,东至夏威夷群岛、太平洋诸岛,西至东非。生活在低潮区至浅海岩礁间,较常见。

20. 栉棘骨螺(维纳斯骨螺)*Murex pecten*(Light foot,1786)

分类地位:腹足纲 Gastropoda,新腹足目 Neogastropoda,骨螺科 Muricidae。

形态特征:贝壳造型奇特,壳长 110 mm。壳后部呈圆锥形,前沟极长。螺层约 8 层,螺旋部呈塔状,体螺层膨凸,缝合线深。壳面黄白色,具明显的螺肋,在各螺层上有 3 条纵螺肋,间隔为 120 ℃,在纵肿肋上和前沟的两侧密生许多长短不等的棘刺,棘刺排列较规则。壳口卵圆形,周缘竖起成领状。

生活习性:分布于中国东南部海域,印度-西太平洋海区。暖海产,栖息于浅海数十米水深的泥沙质海底。

图 8-20

21. 鹬头骨螺 *Haustellum haustellum*(Linnaeus,1758)

分类地位:腹足纲 Gastropoda,新腹足目 Neogastropoda,骨螺科 Muricidae。

形态特征:壳坚实,螺塔低,体层大,前水管沟直且极长。后期螺层上有明显的纵肋，每层螺层上约有 3 道。缝合线略呈沟状，壳口开大，外唇有弱齿。纵肿肋光滑，有小尖角，并有强的细螺肋横贯这些尖角，前水管沟几乎无脊。壳表呈乳白色或粉红色，

图 8 - 21

有褐色斑块和短线纹，纵胀肋上有条纹；壳唇为橙色或粉红色。为本属中最大的一种常见骨螺。

生活习性：分布于印度太平洋，栖息于潮间带沙滩。

22. 褶链棘螺（岩棘螺）*Siratus pliciferoides*（Kuroda，1942）

分类地位：腹足纲 Gastropoda，新腹足目 Neogastropoda，骨螺科 Muricidae。

形态特征：贝壳较大，厚而重，螺旋部较高，螺塔短。缝合线略深，但极度弯曲。每层螺层上有 3 条分布均等的厚纵胀肋，在纵胀肋上长有尖利的短棘，肩角上的棘较强大。下方的螺肋明显，与纵胀肋和纵肋相交。壳口大而圆，内白色，外唇上形成锯齿边。壳口水管沟常有分叉的细管，前沟较长，向背方弯曲。

图 8 - 22

生活习性：分布于中国台湾海峡、东南沿海、日本等地。生活在浅海珊瑚礁、岩石底，低潮线以下细沙质海底。

23. 长刺骨螺 *Murex troscheli*（Lischke，1868）

分类地位：腹足纲 Gastropoda，新腹足目 Neogastropoda，骨螺科 Muricidae。

形态特征：壳略显圆锥形，缝合线凹，壳面黄褐色，有红褐色细螺纹，并具横螺肋，在各螺层上有 3 条纵螺肋，间隔为 120°，其上生有长短不一的棘刺。前沟长而近直，两侧有短棘。厣角质。

生活习性：分布于中国台湾海峡和南沙群岛，西太平洋海区。栖息于数十米至百米以上的泥沙质海底。

图 8 - 23

24. 棘螺（大千手螺）*Chicoreus ramosus*（Linnaeus，1758）

分类地位：腹足纲 Gastropoda，新腹足目 Neogastropoda，骨螺科 Muricidae。

形态特征：贝壳大，坚厚。螺层约 8 层，螺旋部较低，约为壳高的 1/4。壳表黄白色，杂有褐色斑纹，缝合线浅。每一螺层有 3 条纵肿肋，肋

图 8－24

上生有粗强的分枝状的棘，在纵肿肋之间有 1～2 列瘤状突起。壳口大，近圆形，内面白色，外唇边缘纵肋上的棘明显可数的约 7～10 个，唇缘下方有 1 强齿，内唇平滑。前沟呈扁的半管状，右侧通常有 3 条大的棘。脐深。厣角质。

生活习性：分布于中国广东、广西和海南，印度－西太平洋热带海区也有分布。暖海产，生活在浅海泥沙质海底。

25. 褐棘螺 *Chicoreus bruneus*（Link，1807）

分类地位：腹足纲 Gastropoda，新腹足目 Neogastropoda，骨螺科 Muricidae。

形态特征：壳纺锤形，极厚。螺层约 8 层，螺旋部较高，呈塔状，缝合线浅而宽。壳表黑褐色，螺肋细密，体螺层有多条细肋形成较粗的螺肋。各螺层有 3 条纵肿肋，肋上生有粗强的分枝状的棘，在纵肿肋之间有 1 个发达的瘤状突起。壳口卵圆形，唇缘突起，外唇外侧有 6 条枝棘，唇缘有褶襞，内唇光滑。前沟粗近管状，后沟狭小。厣角质。

图 8－25

生活习性：分布于中国广东、广西和海南，印度－西太平洋热带海区也有分布。暖海产，生活在浅海泥沙质海底。

26. 左旋香螺 *Busycon contrarium*（Conrad，1840）

分类地位：腹足纲 Gastropoda，新腹足目 Neogastropoda，香螺科 Melongenidae。

形态特征：贝壳中型，长纺锤形，中等厚度，壳体为左旋，螺塔短而尖，体层大，前水管沟长。螺轴光滑，壳口有螺脊。体层肩部有宽而尖的螺旋结节（有时无结节），其

图 8－26

余的壳表有螺肋。壳表白色，有灰褐色螺带和纵纹；壳口红棕色，螺脊色较浅。口盖

卵形，核在末端。齿舌的中央齿有 3 个齿尖，侧齿有 2 个大齿尖。

生活习性与经济意义：分布于美国东南部。栖息于近海砂底。观赏螺的种类，因其独具品味，属于少有的左旋品种，具有很强的观赏价值和收藏价值。

27. 澳大利亚香螺 *Syrinx aruanus* （Linnaeus，1758）

分类地位：腹足纲 Gastropoda，新腹足目 Neogastropoda，香螺科 Melongenidae。

形态特征：为腹足纲海螺中最大的一种，体层膨大，前水管沟长而坚实。螺层有强棱脊，或圆凸；体层下半部常另有 1 次棱脊，但较前者弱，缝合线深。螺轴光滑，脐孔呈深裂缝状；外唇薄，常有缺口。所有的螺层上都有宽度不等的弱螺肋，并与细纵脊相交。胎壳的螺塔为圆柱状，并且直至幼贝期才脱落。壳表杏黄色，被褐色厚壳皮覆盖，易脱去。

图 8-27

生活习性：分布于澳大利亚北部、新几内亚。栖息在潮间带浅滩。太平洋中部的岛民用作贮水器。

28. 塔形纺锤螺 *Fusinus forceps* （Perry，1811）

分类地位：腹足纲 Gastropoda，新腹足目 Neogastropoda，细带螺科 Fasciolariidae。

形态特征：壳呈长纺锤形，两端尖细，螺层约 13 层，螺旋部呈塔状，缝合线深。壳表灰白色，新鲜的壳有淡黄色厚壳皮。各螺层中部膨圆，具粗壮的纵肋和明显的螺肋，顶部数层微向一层

图 8-28

扭曲。螺塔约与前水管沟长度相当。各螺层均有螺脊，壳口卵圆形，内面白色，螺轴有明显的加边和一些褶襞，外唇缘和前水沟边缘锯齿状。

生活习性：分布于中国台湾、广东、广西、海南，西太平洋热带海区也有分布。生活在浅海泥沙质海底。

29. 管角螺 *Hemifusus tuba* （Gmelin，1781）

分类地位：腹足纲 Gastropoda，新腹足目 Neogastropoda，盔螺科 Galcodidae。

形态特征：壳体大，呈纺锤形，壳面黄白色，外被有一层厚的黄褐色壳皮和壳毛，并具有粗细相间的螺肋和弱的纵肋。螺层约 9

层，螺旋部呈圆锥形，体螺层膨大，缝合线深。各螺层中部扩张形成肩角，肩角上有结节突起，下半部壳面较直。螺肋较粗，生长线明显，壳口长大，上方扩张，下方收窄，内面白色。前沟直而延长，半管状。

图 8 - 29

生活习性与经济意义： 分布于中国长江口以南沿海向南至南沙群岛，西太平洋海区。栖息于潮下带浅海，多在 40～50 米深的泥沙或软泥质海底。管角螺的外壳高 12～20 cm，属名贵海鲜。管角螺的厣可作药用，功效为燥湿收敛、清热解毒。适用于湿热带下、头疮、下肢溃疡久不封口者；外感风热及肝胆热毒耳痛者；风热上扰及肝胆湿热耳内流脓者。

30. 厚角螺 *Hemifusus crassicaudus* (philippi, 1848)

分类地位： 腹足纲 Gastropoda，新腹足目 Neogastropoda，盔螺科 Galcodidae。

形态特征： 贝壳大，壳质厚，呈纺锤形，较管角螺宽短，壳长可达 30 cm。螺层约 7 层，螺旋部呈塔状，体螺层膨大，各螺层的尖角上有发达的角状和短棘状突起，有粗细相间的螺肋。壳面黄白色，具细螺肋，被有一层厚的棕色壳皮和纵横的壳毛。壳口长而大，内面黄白色。前沟宽而延长。厣角质，棕色。

图 8 - 30

生活习性与经济意义： 分布于中国东海和南海，日本也有分布。栖息于浅海至百余米的沙泥或泥质海底，多以牡蛎等双壳类为食。贝壳较大者可做号角。

31. 伶鼬榧螺 *Oliva mustelina* (Lamrck, 1844)

分类地位： 腹足纲 Gastropoda，新腹足目 Neogastropoda，榧螺科 Olividae。

形态特征： 贝壳呈圆筒状，壳长 33 mm。螺层约 6 层，螺旋部低小，体螺层高大，缝合线明显。壳面光滑，呈淡黄褐色，密布波浪状纵走的褐色花纹。壳口窄长，内灰紫色，轴唇褶襞强。前沟宽短，后沟小，无厣。

图 8 - 31

生活习性与经济意义： 分布于中国黄海南部至南海水域，在东、南部沿海较常见，西太平洋海区也有分布。栖息于泥沙或泥沙质的浅海。其贝壳可入药,功效为平肝潜阳、清肺止咳。四季均可捕捉,以干燥贝壳入药。在退潮时可到海滩上掘泥收捕,捕后置沸水中烫死,取壳备用。

32. 大竖琴螺 *Harpa major*(Röding,1798)

分类地位: 腹足纲 Gastropoda,新腹足目 Neogastropoda,竖琴螺科 Harpidae。

形态特征: 壳长 95 mm,近半椭圆形,螺旋部矮小,体螺层膨大,缝合线不明显,纵肋发达。表面色彩斑斓,体螺层纵肋为肉色,其上可见棕色及白色横行条带,纵肋间由浅棕色与白色相间的波纹,螺旋部各螺层肩部以上呈浅黄色,肩部以下呈浅紫色。壳口半圆形,外唇较突出,内面可见与表面相对应的花纹。内唇深褐色,较光滑。

图 8 - 32

生态习性与经济意义: 附着栖息于低潮线至浅海沙质海底,肉食性。肉可食用,壳可作装饰品。

33. 瓜螺 *Melo melo*(Roding,1798)

分类地位: 腹足纲 Gastropoda,新腹足目 Neogastropoda,涡螺科 Volutidae。

形态特征: 壳体大,近球状。螺旋部低小,成体时几乎完全沉没在体螺层中,体螺层极膨大。壳面有细的生长纹。全壳橘黄色,杂有棕色斑块,被有薄的污褐色壳皮。壳口大,外唇薄,弧形。内唇扭曲,下部具 4 个肋状褶叠。前沟短宽,足大。无厣。

图 8 - 33

生态习性与经济意义: 分布于中国东海和南海,见于中国台湾、福建、广东沿海、海南岛等。生活于数米水深的泥沙质海底。肉肥味美,可供食用。肉食性,雌雄异体,产卵期 4~5 月,角质卵囊黄褐色,长卵圆形,每囊 1 卵,一螺所产的卵囊都粘在一起,构成一个粗大的柱状卵群,高约 230 mm,直径约 110 mm,俗称"红螺塔",可用于风热感冒、发热、头痛、咳嗽、口渴、胃痛、胃热、返酸等。卵孵化后,幼螺破囊而出。

34. 黑芋螺(白斑芋螺)*Conus marmoreus*(Linnaeus,1758)

分类地位: 腹足纲 Gastropoda,新腹足目 Neogastropoda,芋螺科 Conidae。

形态特征: 贝壳呈倒圆锥形,螺旋部低矮,体螺层上部膨大,基部收窄,肩部有结节突起,在肩部与缝合线之间有 1 条凹陷的

图 8 - 34

螺沟。螺层约9层，缝合线细呈波状。壳面多呈黑褐色，布满较大的近三角形的白色斑块，外覆一层金黄色的壳皮。壳口狭长，内呈淡粉白色；前沟宽短。

生活习性：分布于中国台湾、西沙和南沙群岛，西太平洋和印度洋。生活在浅海数米深的沙质海底或珊瑚礁间；习见种。壳口开得较大，有剧毒。

35. 企鹅珍珠贝 *Pteria penguin* （Roding，1798）

分类地位：双壳纲 Bivalvia，珍珠贝目 Pterioida，珍珠贝科 Pteriidae。

形态特征：贝壳大，呈圆方形，壳质厚重。背缘平直，腹缘斜圆向后方处长，形似企鹅。两壳不等，左壳凸，右壳较平，壳顶突出近前端，两耳发达，后耳长；壳面呈黄褐色或青褐色，具有覆瓦状排列的鳞片。壳内面珍珠层极厚，美丽而富有光泽。闭壳脊痕宽大，铰合部直有齿。

图 8-35

生活习性与经济意义：分布于中国台湾和广东以南沿海，西太平洋海区。栖息于海流通畅的潮下带 5～100 米的砂或石砾质海底。暖水性较强的珍珠贝，对海水温度要求较高，一般水温低于 10 ℃时，就会引起死亡。本种可生产高质量的珍珠，是我国培育附壳珍珠和游离珍珠的优良贝种，具有重要的经济价值。在我国适用于培育海水珍珠的贝类主要有合浦珠母贝（*Pinctada fucata*）、大珠母贝（*P. maxima*）、珠母贝（*P. magaritifera*）和企鹅珍珠贝（*Pteria penguin*）。

36. 瑞氏海菊蛤 *Spondylus wrightianus* （Crosse，1872）

分类地位：双壳纲 Bivalvia，珍珠贝目 Pterioida，海菊蛤科 Spondylidae。

形态特征：贝壳较小，近圆形，两壳近等，壳面呈白色或淡红色，壳顶部颜色较深；壳表通常有 6 条较粗的放射主肋，主肋上生有发达的长刺，在两主肋间还有细小的肋，小肋上生长许多尖细或略弯曲的小棘刺；壳内白色，周缘有细齿刻。

图 8-36

生活习性与经济意义：分布于中国台湾西部海域和南沙群岛，以及热带西太平洋海区。常栖息在潮下带 46～107 米的泥质沙浅海底，固着在浅海岩石或岩礁上生活。贝壳可作观赏品，属珍贵蛤类。

37. 鳞砗磲 *Tridacna squamosa* (Lamarck, 1819)

分类地位：双壳纲 Bivalvia，帘蛤目 Veneroida，砗磲科 Tridacnidae。

形态特征：壳大而坚厚，呈卵圆形扇状。壳顶位于中央，前方有一大足丝孔，孔缘有6～8个皱襞。壳表有4～12条肥圆而突出的放射肋，其宽度从壳顶到壳缘迅速膨大。肋上有凹槽状鳞，自上至下逐渐变大。壳表白色，常染有橙色及黄色，内面白色。突起的鳞片是鳞砗磲的标记。

图 8 - 37

生活习性与经济意义：分布于中国海南，广泛分布于东非至南太平洋热带海区，生活在潮间带，用足丝附着于珊瑚礁间。外壳颜色因为共生藻的组成不同，而有各种不同美丽的色彩。麟砗磲属定栖性生物，生长十分缓慢，一年长不到两三厘米。砗磲和珊瑚、珍珠、琥珀并列为西方四大有机宝石。砗磲的纯白度被视为世界之最。砗磲具有极高的药用价值，能凉血、降血压、安神定惊，尤其对咽喉肿痛及儿童疱疹有很好疗效。

38. 斑氏脊鸟蛤 *Fragum bannoi* (Otsuka, 1937)

分类地位：双壳纲 Bivalvia，帘蛤目 Veneroida，鸟蛤科 Cardiidae。

形态特征：壳长 8.8 mm；壳型小，壳质较薄，略呈三角形；壳表前部放射肋 11 条，其断面为长方形；后部 8 条肋，肋的断面为三角形，肋上装饰有横向延长的结节；肋间沟狭窄，中前部者较浅，后部者较深。

图 8 - 38

生活习性：分布于中国广东、广西和海南，也见于中国台湾、日本、泰国湾和澳大利亚。生活于低潮线附近的砂质区。

39. 心鸟蛤 *Corvulum cardissa* (Linnaeus, 1758)

分类地位：双壳纲 Bivalvia，帘蛤目 Veneroida，鸟蛤科 Cardiidae。

形态特征：壳较薄，前后观呈心形，壳顶位于中央，尖细，向内卷曲。自壳顶向腹缘有 1 尖锐的脊，将壳面分为前后两个近相等的部分，脊上有短棘。在放射脊前后部各

图 8 - 39

有12条放射肋。壳面黄白色，内面白色边缘有锯齿状缺刻。铰合部窄，有主齿2枚。

生活习性： 主要分布于新加坡、马来西亚、印度尼西亚、中国大陆和台湾，常栖息在浅海。因外壳呈美丽的心形而得名。心鸟蛤与虫黄藻有共生关系。

40. 美叶雪蛤 *Clausinella calophylla* （Philippi，1836）

分类地位： 双壳纲 Bivalvia，帘蛤目 Veneroida，帘蛤科 Veneridae。

形态特征： 贝壳呈三角卵圆形，壳顶斜向前方位于壳长约1/3处。小月面凹，心脏形。楯面光滑，中凹，披针形。韧带窄短，灰黄色。壳表灰白色，有排列稀松的鳞片状同心肋，生长线极稀，呈薄片状高高翘起，前端有一凹陷。壳内面白色，内缘具小齿。铰合部弓形，主齿3枚。

图 8-40

生活习性： 分布于中国浙江外海以南至南沙群岛、台湾和香港；印度-西太平洋海区。生活在潮间带下部至浅海10～90米的泥沙质海底。

41. 皱纹蛤（井条皱纹蛤） *Periglypta puerpera* （Linnaeus，1771）

分类地位： 双壳纲 Bivalvia，帘蛤目 Veneroida，帘蛤科 Veneridae。

形态特征： 壳体大，膨胀呈圆形。壳质坚厚，壳顶位于贝壳中央偏前。前、腹缘均圆形。小月面呈心脏形，中线略弯曲。楯面狭长，韧带棕褐色，埋入两壳之间。壳表放

图 8-41

射肋细密，同心生长纹突出壳面，与放射肋交织成长方格状。壳表黄褐色或黄白色，背缘和后缘紫褐色。壳内除背后缘褐色外，其他白色。左右两壳各具主齿3个，壳内侧边缘具齿状小突起。

生活习性： 主要分布于印度尼西亚、中国大陆和台湾。常栖息在潮间带至潮下带的珊瑚礁间或碎珊瑚的泥沙中。

42. 鹦鹉螺 *Nautilus pompilius* （Linneaus，1758）

分类地位： 头足纲 Cephalopoda，鹦鹉螺目 Nautiloidea，鹦鹉螺科 Nautilidae。

形态特征： 壳长约180 mm，左右对称，螺旋状，螺距渐宽，壳口近半椭圆形。壳表面瓷白色，有略呈放射状排列的褐色条纹，生长线细密。壳被隔板分隔成30多个壳室，软体位于最外一间。壳外软体形似鹦鹉。腕

图 8-42

生于头部，可达 90 条。

生态习性与经济意义：分布于 50～300 米深的海洋中。匍匐于海底或用腕部附着在掩饰或珊瑚礁间生活，也可凭借气室，悬浮于水层之中。为"四大名螺"之一，空壳可作装饰品。在进化生物学与古生物学方面具有科研价值。

附录一　中文学名索引

A
阿文绶贝　41
奥莱彩螺　33
澳大利亚香螺　142

B
白卜鲔　119
白带骗梭螺（双喙梭螺）　41
白丁蛎　59
白星笛鲷　108
斑鰶　91
斑点拟相手蟹　84
斑节对虾　76
斑马蹄螺　28
斑鳍方头鱼　100
斑鳝　100
斑氏脊鸟蛤　146
斑玉螺　42
半扭蚶　56
宝冠螺　138
北方凹指招潮蟹　89
蟶蛤　60
扁玉螺　42
秉氏厚蟹　85
波纹巴非蛤　68
薄壳鸟蛤　62
布纹蚶　55

C
彩榧螺　49
叉纹蝴蝶鱼　114
长刺骨螺　140
长笛螺　135
长颌梭鳀　91
长棘银鲈　107
长肋日月贝　60
长鳍高体盔鱼　117
长蛇鲻　92
长腕和尚蟹　87
长尾大眼鲷　98
长紫蛤（紫血蛤）　63
齿纹蜓螺　32
赤鼻梭鳀　92
刺螯鼓虾　77
刺鲳　120
刺荔枝螺　46
粗糙滨螺　33

D
大弹涂鱼　117
大黄鱼　103
大马蹄螺　132
大竖琴螺　144
大头狗母鱼　92
大眼鲕　121
带凤螺　37
带锥螺　34
单齿螺　29
胆形织纹螺　49
蛋白乳玉螺　136
荡皮海参　129
刀额新对虾　75

东方海笋　69
斗嫁蝛　27
短棘银鲈　106
短尾大眼鲷　98
短吻鳊　106
短须副绯鲤　113
断脊小口虾蛄　74
断纹紫胸鱼　116
对生蒴蛤　63
钝齿蟳　80
钝缀锦蛤　68
多鳞鱚　99

E
峨眉条鳎　122
额带刺尾鱼　118
二长棘鲷　110

F
法螺　138
凡纳滨对虾　77
方斑东风螺　46
菲律宾蛤仔　66
菲律宾偏顶蛤　56
翡翠贻贝　57
斧文蛤　67
覆瓦牡蛎　61

G
隔贻贝　57
弓斑东方鲀　124
沟鹑螺　44
沟纹笔螺　50

沟纹笋光螺　35
瓜螺　144
冠螺（唐冠螺）　137
管角螺　142
龟足　73

H

海豚螺（镶边海豚螺）　30
海蟑螂　73
褐菖鲉　121
褐棘螺　141
褐蓝子鱼　119
黑凹螺　29
黑斑绯鲤　113
黑点圆鳞鲳　123
黑鲷　108
黑口滨螺　33
黑芋螺（白斑芋螺）　144
痕掌沙蟹　88
横带九棘鲈　97
红底星螺　31
红鳍笛鲷　107
红树蚬　64
红星梭子蟹　82
厚角螺　143
弧边招潮蟹　88
壶腹枣螺　52
虎斑宝贝　136
花鲈　97
花尾胡椒鲷　111
华贵类栉孔扇贝　59
环尾天竺鲷　99
环纹货贝　40
环纹坚石蛤　63
黄斑海蜇　126
黄姑鱼　104
黄鲫　91
黄口荔枝螺　46

黄鳍鲷　109

J

棘刺海菊蛤　60
棘螺（大千手螺）　141
棘线鳚　121
加夫蛤　66
甲虫螺　47
尖头黄鳍牙䱛　104
尖吻鳓　112
角蝾螺　31
角眼切腹蟹　87
角眼沙蟹　88
节蝾螺　31
截形鸭嘴蛤　70
解氏珠母贝　59
金带细鲹　101
金钱鱼　114
金乌贼　70
金线鱼　110
锦蜓螺　32
近江牡蛎　61
近缘新对虾　75
晶莹蛏　81
军曹鱼　103

K

孔虾虎鱼　118
口虾蛄　73
库页岛马珂蛤　69
宽额大额蟹　82
魁蚶　55

L

蓝圆鲹　101
勒氏笛鲷　108
肋蜡螺　30
篱凤螺　37
丽文蛤　67
丽褶凤螺　133

笠帆螺　36
粒蝌蚪螺（粒神螺）　43
亮螺　47
列牙鯻　112
鳞杓拿蛤　64
鳞砗磲　145
伶鼬榧螺　143
瘤背石磺　54
瘤平顶蜘蛛螺　134
六指马鲅　96
龙头鱼　93
隆背大眼蟹　87
隆背张口蟹　86
鹿斑鲾　106
卵黄宝贝　38
卵梭螺　136
卵鲳　123
卵形鲳鲹　102
裸体方格星虫　127

M

马氏珠母贝　58
玛瑙芋螺　50
鳗鲇　94
猫耳螺　52
毛嵌线螺　44
玫瑰履螺（玫瑰原梭螺）　41
美蝴蝶鱼　115
美叶雪蛤　147
美叶雪蛤　65
美洲螯龙虾　74
米氏耳螺　53
缪氏哲扇蟹　79
墨迹明对虾　76

N

泥东风螺　47
泥蚶　56

拟穴青蟹　79
拟枣贝　40

P

胖小塔螺　52
平背蜞　84
平鲷　109
平轴螺　34
朴蝴蝶鱼　115
普通黄道蟹　78

Q

旗江珧　58
企鹅珍珠贝　145
浅缝骨螺　45
强缘凤螺　38
琴文蛤　67
青点鹦嘴鱼　117
青蛤　66
青蚶　55
清白招潮蟹　89

R

日本花棘石鳖　26
日本鳗鲡　93
日本囊对虾　76
日本蟳　80
绒毛近方蟹　85
蝾螺　133
乳玉螺　42
瑞氏海菊蛤　145

S

赛氏女教士螺　53
三疣梭子蟹　81
砂海蜇　69
少鳞鳝　100
蛇首眼球贝　38
史氏背尖贝　27
绶贝　137
黍斑眼球贝　137

鼠眼孔蝛　27
双齿近相手蟹　83
双带黄鲈　98
双沟鬘螺　43
水晶凤螺　37
水字螺　134
丝背细鳞鲀　124
四齿大额蟹　82
四角细带螺　49
四指马鲅　96
寺町翁戎螺　132

T

塔形纺锤螺　142
塔形马蹄螺　28
鲐　119
太平洋潜泥蛤　70
天鹅龙虾　75
天津厚蟹　85
铁斑凤螺　38
土发螺　139

W

网纹扭螺　43
文蛤　68
纹腹叉鼻鲀　125
乌鲳　102
无齿螳臂相手蟹　83

X

西格织纹螺　48
西施舌　62
习见赤蛙螺（习见蛙螺）　44
细刺鱼　115
细雕刻肋海胆　129
细鳞鯻　112
细条天竺鲷　99
细纹鲾　105
线纹芋螺　51

镶边鸟蛤　62
橡子织纹螺　48
逍遥馒头蟹　79
小翼拟蟹手螺　35
斜带石斑鱼　96
斜带髭鲷　111
斜纹心蛤　61
心鸟蛤　146
锈凹螺　30
锈斑蟳　80
锈粗饰蚶　54
寻氏肌蛤　57

Y

鸭额玉蟹　79
鸭嘴海豆芽　128
牙鲆　122
亚氏海豆芽　128
亚洲棘螺　45
眼斑拟石首鱼　105
眼镜鱼　102
眼球贝　39
羊鲍　131
伊萨伯雪蛤　65
缢蛏　64
银鲳　120
银口凹螺　29
印度棘赤刀鱼　116
鹦鹉螺　147
鹰爪虾　77
鳙　122
油野　95
疣缟芋螺　50
疣荔枝螺　45
疣面关公蟹　78
疣滩栖螺　36
鲍鱼　104
渔舟蜒螺　32

鹟头骨螺　139
圆肋嵌线螺（环沟嵌线螺）
　　43
圆球股窗蟹　86
远海梭子蟹　81
匀斑裸胸鳝　94

Z
杂斑狗母鱼　93
杂色鲍　26
杂色蛤仔　66
杂色龙虾　74
枣红眼球贝　39
褶痕拟相手蟹　84
褶链棘螺（岩棘螺）　140

珍笛螺　135
真鲷　110
鳡　95
织锦芋螺　51
蜘蛛螺　133
柿棘骨螺（维纳斯骨螺）
　　139
柿江珧　58
中国耳螺　52
中国鲎　127
中华锉棒螺　36
中华单角鲀　124
中华楯蛾　27
中华中相手蟹　83

皱纹蛤(井条皱纹蛤)　147
皱纹盘鲍　26
蛛形菊花螺　53
爪哇拟塔螺　51
鲻鱼　95
紫海胆　129
紫红笛鲷　107
紫游螺　33
字纹弓蟹　86
纵带滩栖螺　35
纵条矶海葵　126
棕带焦掌贝　40
棕蚶　55
左旋香螺　141

附录二 拉丁文学名索引

A

Acanthocepola indica　116
Acanthopagrus latus　109
Acanthopagrus schlegelii　108
Acanthurus dussumieri　118
Alpheus hoplocheles　77
Amusium pleuronectes pleuronectes　60
Anadara ferruginea　54
Angaria delphinus　30
Anguilla japonica　93
Anomalodiscus squamosus　64
Anthocidaris crassispina　129
apitulum mitella　73
Apogon aureus　99
Apogon lineatus　99
Arothron hispidus　125
Asaphis violascens　63
Astralium haematraga　31
Atactodea striata　63
Atrina pectinata　58
Atrina vexillum　58

B

Babylonia areolata　46
Babylonia lutosa　47
Barbatia decussata　55
Barbatia fusca　55
Barbatia virescens　55
Batillaria borbii　36
Batillaria zonalis　35
Boleophthalmus pectinirostris　117
Branchiostegus auratus　100
Bufonaria rana　44
Bulla ampulla　52
Busycon contrarium　141

C

Calappa philargius　79
Calyptraea morbida　36
Cancer pagurus　78
Cantharus cecillei　47
Cardita leana　61
Cassis cornuta　137
Cellana grata　27
Cephalopholis boenak　97
Cerithidea microptera　35
Chaetodon auripes　114
Chaetodon modestus　115
Chaetodon wiebeli　115
Charonia tritonis　138
Charybdis feriatus　80
Charybdis hellerii　80
Charybdis japonica　80
Charybdis lucifera　81
Chasmagnathus convexus　86
Chicoreus asianus　45
Chicoreus bruneus　141
Chicoreus ramosus　141
Chiromantes dehaani　83
Chlorostoma argyrostoma　29
Chlorostoma nigerrima　29
Chlorostoma rustica　30

Chrysochir aureus   104
Clausinella calophylla   65，147
Clausinella isabellina   65
Clithon oualaniensis   33
Clupanodon punctatus   91
Coelomactra antiquata   62
Conus lividus   50
Conus marmoreus   144
Conus monachus   50
Conus striatus   51
Conus textile   51
Corvulum cardissa   146
Crassostrea ariakensis   61
Cyclina sinensis   66
Cymatium cutaceum   43
Cymatium pileare   44
Cypraea tigris   136
Cypraea vitellus   38
Cypraecassis rufa   138

D

Decapterus maruadsi   101
Diodora mus   27
Diploprion bifasciatum   98
Distorsio reticulata   43
Dorippe frascone   78

E

Eleutheronema tetradactylum   96
Ellobium aurismidae   53
Ellobium chinensis   52
Epinephelus coioides   96
Erosaria caputserpentis   38
Erosaria erosa   39
Erosaria helvola   39
Erosaria miliaris   137
Erronea errones   40
Euthynnus yaito   119

F

Fenneropenaeus merguiensis   76
Formio niger   102
Fragum bannoi   146
Fulvia aperta   62
Fusinus forceps   142

G

Gaetice depressus   84
Gafrarium pectinatum   66
Gelonia coaxans   64
Gerres filamentosus   107
Gerres Limbatus   106
Grammoplites scaber   121
Gymnothorax reevesi   94
Gyrineum natator   43

H

Haliotis discus hannai   26
Haliotis diversicolor   26
Haliotis Ovina   131
Haliplanella luciae   126
Hapalogenys nitens   111
Harpa major   144
Harpodon nehreus   93
Haustellum haustellum   139
Helice pingi   85
Helice tientsinensis   85
Hemifusus crassicaudus   143
Hemifusus tuba   142
Hemigrapsus penicillatus   85
Hemiramphus far   95
Holothuria vagabunda   129
Homarus americanus   74

L

lambis chiragra   134
Lambis lambis   133
Lambis truncata sebae   134
Lateolabrax japonicus   97

Laternula truncata 70
Leiognathus berbis 105
Leiognathus brevirostris 106
Leiognathus ruconius 106
Leucosia anatum 79
Liachirus melanospilus 123
Ligia exotica 73
Lingula adamsi 128
Lingula anatina 128
Liolophura japonica 26
Litopenaeus vannamei 77
Littoraria melanostoma 33
Littoraria scabra 33
Lutjanus argentimaculatus 107
Lutjanus erythopterus 107
Lutjanus russelli 108
Lutjanus stellatus 108

M

Macrophthalamus convexus 87
Malleus albus 59
Mancinella echinata 46
Marsupenaeus japonicus 76
Mauritia arabica asiatica 41
Mauritia mauritiana 137
Melo melo 144
Mene maculata 102
Menippe rumphii 79
Meretrix lamarckii 67
Meretrix lusoria 67
Meretrix lyrata 67
Meretrix meretrix 68
Metapenaeus affinis 75
Metapenaeus ensis 75
Metopograpsus frontalis 82
Metopograpsus quadridentatus 82
Microcanthus strigatus 115
Mictyris longicarpus 87

Miichthys miiuy 104
Mimachlamys nobilis 59
Mitra proscissa 50
Modiolus philippinarum 56
Monacanthus chinensis 124
Monetaria annulus 40
Monodonta labio 29
Mugil cephalus 95
Murex pecten 139
Murex trapa 45
Murex troscheli 140
Musculus senhousei 57
Mya arenaria 69

N

Nassarius glans 48
Nassarius pullus 49
Nassarius siquinjorensis 48
Natica tigrina 42
Nautilus pompilius 147
Nemipterus virgatus 110
Nerita albicilla 32
Nerita polita 32
Nerita yoldii 32
Neritina violacea 33
Neverita didyma 42
Nibea albiflora 104
Notoacmea schrencki 27

O

Ocypode ceratophthalmus 88
Ocypode stimpsoni 88
Oliva ispidula 49
Oliva mustelina 143
Onchidium struma 54
Oratosquillina interrupta 74
Otopleura auriscati 52
Ovula ovum 136

P

Pagrosomus major   110
Palmadusta asellus   40
Pampus argenteus   120
Panopea abrupta   70
Panulirus cygnus   75
Panulirus versicolor   74
Paphia undulata   68
Parahyotissa imbricata   61
Paralichthys olivaceus   122
Parargyrops edita   110
Parasesarma pictum   84
Parasesarma plicatum   84
Parupeneus ciliatus   113
Pelates quadrilineatus   112
Penaeus monodon   76
Periglypta puerpera   147
Perisesarma bidens   83
Perna viridis   57
Perotrochus teramackii   132
Phalium bisulcatum   43
Phenacovolva dancei   41
Pholas orientalis   69
Phos senticosus   47
Pinctada chemnitzi   59
Pinctada fucata   145
Pinctada fucata martensii   58
Planaxis sulcatus   34
Platycephalus indicus   122
Plectorhynchus cinctus   111
Pleuroploca trapezium   49
Plicatula plicata   60
Plotosus anguillaris   94
Pneumatophorus japonicus   119
Polinices albumen   136
Polinices mammata   42
Polynemus sextarius   96
Portunus pelagicus   81
Portunus sanguinolentus   82
Portunus trituberculatus   81
Priacanthus macracanthus   98
Priacanthus tayenus   98
Psenopsis anomala   120
Pseudocardium sachalinense   69
Pseudosciaena crocea   103
Pteragogus aurigarius   117
Pteria penguin   145
Pychia cecillei   53
Pyramidella ventricosa   52
P. magaritifera   145
P. maxima   145

R

Rachycentron canadum   103
Rhabdosargus sarba   109
Rhinoclavis sinense   36
Rhopilema hispidum   126
Ruditapes philippinarum   66
Ruditapes variegata   66

S

Sandalia rhodia   41
Sanguinolaria elongata   63
Saurida elongate   92
Scapharca broughtonii   55
Scarus ghobban   117
Scatophagus argus   114
Sciaenops ocellatus   105
Scopimera globosa   86
Scutus sinensis   27
Scylla paramamosin   79
Sebastiscus marmoratus   121
Selaroides leptolepis   101
Sepia esculenta   70
Septifer biloculars   57
Sesarmops sinensis   83

Setipinna taty   91
Siganus fuscescens   119
Sillago japonica   100
Sillago maculata   100
Sillago sihama   99
Sinonovacula constricta   64
Siphonaria sirius   53
Sipunculus nudus   127
Siratus pliciferoides   140
Solea ovata   123
Sphyraena pinguis   95
Spondylu aculeatus   60
Spondylus wrightianus   145
Squilla orarotia   73
Stephanolepis cirrhifer   124
Stethojulis interrupta   116
Strombus canarium   37
Strombus luhuanus   37
Strombus marginatus robustus   38
Strombus plicatus pulchellus   133
Strombus urceus   38
Strombus vittatus vittatus   37
Suggrundus meerdervoortii   121
Synodus variegatus   93
Syrinx aruanus   142

T

Tachpleus tridentatus   127
Takifugu ocellatus   124
Tapes dorsatus   68
Tegillarca granosa   56
Temnopleurus toreumaticus   129
Terapon jarbua   112
Terapon oxyrhynchus   112
Terebralia sulcata   35

Thais clavigera   45
Thais luteostoma   46
Thryssa kammalensis   92
Thryssa setirostris   91
Tibia fusus   135
Tibia martinii   135
Tmethypocoelis ceratophora   87
Tonna sulcosa   44
Trachinocephalus myops   92
Trachinotus ovatus   102
Trachypenaeus curvirostris   77
Tridacna squamosa   145
Trisidos semitorta   56
Trochus maculatus   28
Trochus niloticus   132
Trochus pyramis   28
Trypauchen vagina   118
Turbo bruneus   31
Turbo cornutus   31
Turbo petholatus   133
Turricula javana   51
Turritella fascialis   34
Tutufa bubo   139

U

Uca arcuata   88
Uca lactea   89
Uca vocans borealis   89
Umbonium costatum   30
Upeneus tragula   113
Varuna litterata   86

V

Vepricardium coronatum   62

Z

Zebrias quagga   122